除了自己，成為不了別人

不必變強，只要獨一無二。
向邊緣生物學習「個性化」的生存秘密！

稻垣榮洋——著
楊詠婷——譯
陳俊堯——審訂

專業審訂、推薦

陳俊堯 慈濟大學生命科學系助理教授、科普作家

各界推薦（按姓名筆劃順序排列）

冬　陽 央廣「名偵探科普男」主持人

沈雅琪 神老師

黃仕傑 自然觀察書籍作者、外景節目主持人

陳品皓 米露谷心理治療所執行長

彭冠綸 「館長小編的圖書館日常」粉專版主

詹慶齡 資深主播、名人書房主持人

蔡依橙 素養教育工作坊核心講師

羅怡君 親職溝通作家與講師

● 這本精彩的作品大可冠上「向雜草學習人生」這樣的書名，但雜草才不在乎有無成就、有沒有被看見，只是繼續做自己好好活著。這麼理所當然的事，我們卻要等稻垣榮洋老師提醒了才注意到。跟別人不一樣就是你的價值，當棵只有自己能演好的自在雜草吧！

——慈濟大學生命科學系助理教授、科普作家 **陳俊堯**

● 九堂深入淺出的生物課，將自然界的生存法則與人類社會的發展現象映照比對。看似卑微的雜草被推至自然界邊緣，索性向下扎根汲取養分，因此成功生存；人類祖先速度慢、氣力小，轉而發展大腦功能，以智慧居於演化頂端。自我價值與生俱來、獨一無二，沒有高低優劣之分，找到你的利基點，就能閃耀發光。這是科普書，更是勵志寶典。

——資深主播、名人書房主持人 **詹慶齡**

● 用很容易理解的白話，從生物界的各種現象，帶領讀者思考教育和人生。值得每個在考試制度中感到挫折的家長與孩子一起閱讀、一起深思。

——素養教育工作坊核心講師 **蔡依橙**

● 在上帝的字典裡，沒有「複製」和「貼上」這兩個詞，每個人都是獨一無二的創造。非常佩服作者用生物學的觀點，讓我們從動植物身上學習到，人類和生物一樣具有多樣性。唐鳳曾說：「與眾不同是常態，與眾相同是錯覺。」別想著和別人一樣，好好珍惜自己的與眾不同，你的優勢不在於和別人一樣，而在於和別人不一樣。

——小鎮圖書館館長、「館長小編的圖書館日常」粉專版主 **彭冠綸**

● 這是一本「閒話家常型」的科普書，稻垣榮洋老師用大哥哥或大叔般的親切口吻，以你我生活的「感受」做為切入號召，引領不同年齡層的讀者認識生物多樣性之美、理解演化遺傳之妙，體會每一個體都有其特殊獨到、散發光采的無窮魅力，同時透過略帶詩意與勵志性格的文字戳破盲點、化解偏見，觸發每個人與生俱來也彌足珍貴的探究好奇。

——央廣「名偵探科普男」主持人 **冬陽**

● 我寫下了《創造》一曲的歌詞，結果發現這本書裡說的跟我完全契合！這本農學博士寫給年輕學子的好書非常精彩，讀完之後，我更加深信自己在創作中傳達的想法並沒有錯。

——創作歌手 **星野源**

第一堂課 什麼是「個性」？

contents

第二堂課 什麼是「普通」？

第三堂課 什麼是「區別」？

第四堂課
什麼是「多樣性」？

第五堂課 什麼是「自我」？

第六堂課
什麼是「勝利」？

第七堂課 什麼是「強大」？

第八堂課 什麼是「重要的事」？

contents

第九堂課 什麼是「活著」？

探訪關於「個性」的秘密——前言

現今是強調「個性的時代」，到處都聽得到「保持個性」、「發揮個性」、「琢磨個性」的聲音。

然而，所謂的「個性」到底是什麼？

個性就是「忠於自我」。那麼，「自我」究竟又是什麼？

我們這些活在「個性時代」裡的人，經常為找不到「自我」而煩惱，也總是為自己不夠「個性」而困擾。

所謂的「個性」，到底是什麼呢？

我們來看看生物的世界吧。

在生物的世界裡，「個性」可以代換成「多樣性」這個說法。多樣性指的是「各式各樣不同的存在」，也就是各式各樣的種類、各式各樣的特質。

我們也會用「多樣性」形容其他事物，例如民族的多樣性、文化的多樣性、地域的多樣性、價值觀的多樣性等等。

生物的世界充滿了「多樣性」。「生物多樣性」（biodiversity）也是生物界的新興概念。

比方說，自然界中的生物形形色色，有大象及獅子、獨角仙與蟬，還有章魚和比目魚。各式各樣、特質相異的生物生活在地球上，形成了「物種多樣性」。

接著，各式各樣的生物又交互影響，構成各式各樣的生態系。例如，大象及獅子屬於草原生態系，獨角仙與蟬屬於森林生態系，章魚和比目魚屬於海洋生態系。當然，依據地域的不同，草原、森林及海洋會出現各式各樣的生物，也形成各式各樣的生態系——這就是「生態系多樣性」。

而且，還不只如此。

同樣是狗這個物種，就有馬爾濟斯、柴犬等各式各樣的犬種；單單是狗這個物種之中，就會出現遺傳基因相異的各個群體。

接著我們也來看看這些群體。

同樣是馬爾濟斯，有的溫馴聽話、有的活潑調皮；有的不怕生、有的很膽小，雖然都是馬爾濟斯，性格卻各有差異。

即便是相同的犬種，也不會一模一樣，而是各自具備不同的類型及特質——這就是「基因多樣性」。

地球上的所有生物，各自在生態系、物種和基因這些階段中形成了多樣性，讓生物的世界充滿「個性」。

回溯生物的演化史，包含人類、動物、昆蟲及植物在內的所有生物，可能都有著共同的祖先。而這個生物的「最近共同祖先」，是一個叫做「露卡」（LUCA;

Last Universal Common Ancestor）的單細胞微生物。

僅僅是一種小小的微生物，在演化的過程中，就分支出如此多樣的生物；有的演化成植物，有的演化成動物，有的演化成魚，有的演化成昆蟲。透過不斷地分支演變，演化出各式各樣的生物，然後在這無數的分支中，有一支形成了我們人類。

就像這樣，單一種類的微生物成了生命的共同起源，創造出如此多樣的生物世界，構成了多樣的物種、多樣的生態系和多樣的遺傳基因。

生物的演化，就是創造出多樣性的「多樣性的演化」。

如此誕生的「多樣性」，到底代表著什麼意義？

而我們所被賦予的「個性」，究竟又隱藏著什麼秘密呢？

在這本書中，我們就要來探訪一下這些關於「個性」的秘密。

第一堂課

什麼是「個性」？

生物的「個性」是 DNA 的無限排列組合，
也是生存所需的能力和武器。
沒有不必要的個性，也沒有完全相同的個性，
你一生下來，就已經獨一無二，
每個生命都只會是自己，也只能成為自己。
即便和大家穿著相同的制服、排著整齊的隊伍，
你也不會失去自己的個性。
倒不如說，個性反而會在當中更加閃閃發光。

雜草是很有「個性」的生物

大家培育過雜草嗎？

或許有人會想，院子裡不就長著一堆雜草嗎……我指的不是這樣，而是真正透過播種、澆水，認真地培育雜草。

明明雜草長得到處都是，為什麼還要特意去培育？這也太奇怪了吧。

我的工作是研究雜草，所以曾經培育過雜草做為研究材料。

有人可能會覺得，雜草不用照顧，放著就會生長，培育起來應該很簡單。這就大錯特錯了，培育雜草其實相當困難。

之所以困難，是因為雜草不會照我們的意思生長。

首先，就算播了種也不發芽。如果是蔬菜或花的種子，只要播了種、澆澆水，過幾天就會發芽。雜草卻不一樣，即使播種、澆水，也有可能完全不發芽。

現今蔬菜和花的種子都經過改良，能在人類預先認定最適合的時期生長，所以會按照人類的安排發出嫩芽。

但是，雜草何時發芽全憑自己決定，人類完全插不上手。

此外，蔬菜和花的種子會在同一時期發芽，但雜草的發芽期卻不一致。有的發得很快，有的遲遲不發；有的在被遺忘之後才悄悄發芽，有的則就此長眠，即便發了芽，也都長短不一。

有的種子很性急，沒多久就長出嫩芽；有的種子慢吞吞，遲遲見不到芽苗。如此分歧、不一致的種種特質，應該就是人類世界裡所說的「個性」了。

雜草擁有非常豐富的「個性」，說來似乎很好聽，其實它們既散亂又難管理。於是，這些有個性的雜草們，就成了難以培育的植物。

不過，為何雜草發芽的時間會這麼不一致呢？對植物來說，越早發芽應該對成長越有利，那麼，為何有些雜草會放慢自己發芽的腳步？

晚一點發芽也有價值嗎？

大家知道「蒼耳」這種雜草嗎？

它的果實帶著鉤刺，總是黏在衣服上，所以有個俗稱是「羊帶來」，有人小時候說不定還玩過互丟蒼耳子的遊戲。

即使知道蒼耳子，但一定沒有多少人看過它的果實裡是什麼模樣。

蒼耳子的果實裡有兩種種子，一種略長，一種略短。這兩種種子當中，略長的個性很急，立刻就會發芽；略短的動作比較慢，總是遲遲不發芽。

也就是說，蒼耳子的果實裡有兩種性格迥異的種子。

那麼，急驚風的種子和慢半拍的種子，哪一個比較優秀呢？

這種事沒有人知道。

早發芽比較有利，或是晚發芽反而更好，都要視情況而定。

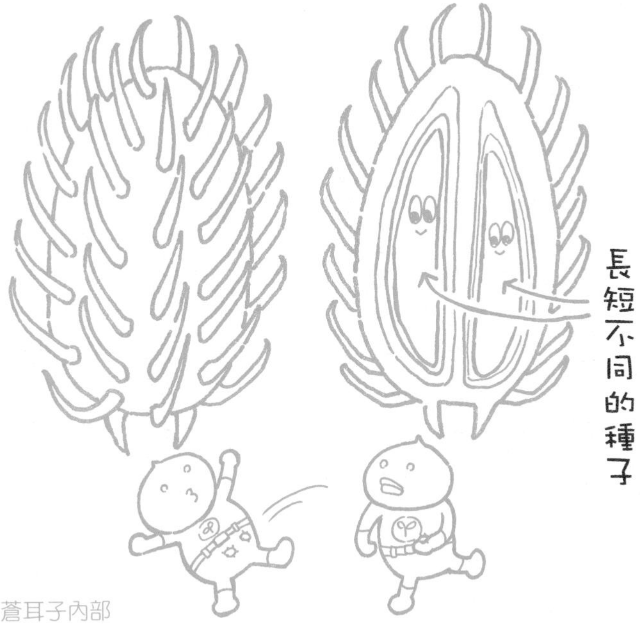

蒼耳子內部

有時確實要「打鐵趁熱」，最好盡快發芽；然而，快速發芽不見得都能碰上適合生長的環境，有時也會遇到「欲速則不達」的狀況，變成慢點發芽更有利。因此，蒼耳才會預備了兩種性格完全不同的種子。

這也是為何有些雜草的種子很快就發芽了，有的卻怎麼等都遲遲不發芽的原因。

快點比較好、還是慢點比較好，這樣的比較完全沒有意義。對蒼耳來說，哪一邊都至關重要。

發芽時間的早或晚，對雜草來說無關優劣，而是它們的「個性」。

但是，發芽時間有早有晚，這種不一致會造成很多麻煩，感覺在同一時期發芽應該更有利。

生物真的需要那麼多不同的個性嗎？

自然界沒有正確答案

這種分歧且不一致的狀況，稱為「遺傳多樣性」（基因多樣性）。

所謂的個性就是「遺傳多樣性」，**而多樣性就是「分歧且不一致」**。

不過，為什麼不一致會是好事呢？

大家在學校解答問題，每個問題都只有一個正確答案，其他答案都是錯的。

但是，在自然界中有很多沒有答案的問題。

就像之前介紹的蒼耳這種雜草，對它們而言，快點發芽好、還是晚點發芽好，就沒有正確答案。

有時最好快點發芽，有時花點時間慢慢發芽更有利。**環境改變了，答案也會跟著改變**。由於沒有哪一邊是更好的答案，所以對雜草來說，「哪一邊都好」才是正確答案。

因此，**是雜草自己想保持這種不一致的狀態。沒有哪一邊好、哪一邊差的優劣之分，這種不一致反而讓它們更強韌**。

而基本上，所有的生物都具備「遺傳多樣性」。

事實上，人類的世界也是如此，存在著許多看似有答案，實則無解的問題。

我們其實不知道什麼才是正確、什麼才是優秀。被催促「動作快一點」，就認為應該追求速度；被要求「做得更仔細」，又覺得慢工出細活才會獲得讚賞。

人類的大人們只是假裝自己知道正確答案、明白世間萬物，自顧自地定出優劣標準，斷言「這個好」、「那個不行」。

然而，「什麼才是優秀」根本無從得知。

不對，應該說世上根本沒有「哪個比較優秀」這回事。

蒼耳就是明白這個道理，才會有兩種不同的種子。

蒲公英的花色為何沒有個性？

不過，還是有一件不可思議的事。

就像之前提過的，自然界很重視多樣性，但蒲公英的花卻幾乎都是黃色。

沒有人見過紫色或紅色的蒲公英，蒲公英的花色沒有個性。

這是為什麼呢？

蒲公英主要是吸引虻科昆蟲（食蚜蠅、馬蠅）幫忙授粉，虻科昆蟲容易被黃色花朵引誘，因此對蒲公英來說，最有利的花色就是黃色。

既然認定黃色最有利，所有的蒲公英就全都是黃色了。

不過，蒲公英的植株大小卻各有差異，有的比較大、有的比較小。葉子的形狀也不盡相同，有的葉緣呈現明顯的鋸齒狀，有的則是葉片完整平滑。

蒲公英的植株大小會因應環境而改變，葉片的形狀似乎也沒有哪一種更好的定論。所以，蒲公英的大小和葉片形狀很有個性。

個性不是理所當然應該要存在的東西。

個性是生物為了存活所創造的戰略。

這也就是生物的「個性」，亦即「不一致」之所以存在的意義。

因為需要，才會發展出個性

那麼人類呢？比方說眼睛的數量？

每個人都只有兩隻眼睛，這是因為對人類來說，兩隻眼睛是最好的數量。人類的鼻子、鼻孔數量都相同，一樣缺乏個性，這也代表對人類來說，一個鼻子、兩個鼻孔是最好的。

眼睛和鼻子的數量沒有個性。

如果大家以為動物的眼睛一定都是兩個，那可就錯了。比方說，許多昆蟲除了兩個複眼，另外還有三個單眼，也就是說，牠們一共有五個眼睛。

在久遠的古生代海洋，也有長著五眼或單眼的生物存在。但是，如今我們人類的眼睛數量是兩隻，代表兩隻眼睛最為合理，換言之，演化的結論認為「眼睛的數量不需要個性」。

不過，我們每個人的臉孔都不一樣，沒有人會跟誰長著完全相同的臉。有的人眼尾下垂，有的人眼尾上揚；有的人眼睛大，有的人眼睛小。假使有一張臉對人類來說最為完美，那就是我們所擁有的那張臉。

之所以會有各式各樣的臉孔，跟好壞沒有關係，而是不同的臉孔才有價值。每個人的性格不同，擅長的能力也各有差異。**生物不會有不需要的個性，我們的性格和特徵會具有個性，代表這種個性對人類來說是必要的。**

此外，自然界的花朵顏色變化不多，蒲公英是黃色，紫花地丁是紫色，對於需要吸引昆蟲幫忙授粉的野生植物來說，每種花都有引誘昆蟲夥伴的最佳花色。

然而，在花店販售或花圃裡的花，即使是相同種類，顏色卻萬紫千紅、五彩繽紛，這是人類為了賞花，特意做了品種改良。畢竟比起單調的同色，各色鮮花競相開放更為美麗，所以人類才會創造出各種顏色的品種，這意味著人類也理解「各式各樣、形形色色」的美好。

失去個性的馬鈴薯引發了悲劇

這是十九世紀發生在愛爾蘭的事。在當時的愛爾蘭，馬鈴薯是重要的主食，沒想到卻因此引發歷史性的重大事件。

由於爆發了馬鈴薯晚疫病，愛爾蘭全國的馬鈴薯嚴重歉收，失去糧食的大量人口於是離鄉背井，遠渡重洋到了以往的拓荒地——美洲大陸。眾多移民湧入工業時代的美利堅合眾國，為其日後的強盛提供了巨大貢獻，馬鈴薯也因此被稱為「造就美國的植物」。

只不過……為什麼愛爾蘭會發生全國性的馬鈴薯晚疫病慘劇呢？

原因就出在「失去個性」。

馬鈴薯是用塊莖繁殖的，只要選擇優良的植株採下塊莖做為種薯，同樣優良的植株就會增加。當時的愛爾蘭就是採用這種方式，只選出優良的植株在全國加以栽培、增產。

那麼，他們選出的「優良植株」是什麼樣的呢？

對愛爾蘭人來說，馬鈴薯是重要的主食，要有眾多的數量才能滿足龐大人口所需。所以，高產的馬鈴薯就屬於「優良植株」，人們積極增加高產的品種，在全國各地廣泛栽培。

高產的馬鈴薯，就此被視為明星品種。然而，這種被選為「優良植株」的馬鈴薯有一個重大缺點，就是對晚疫病沒有抵抗力。而在十九世紀中期，這個優良的馬鈴薯品種就真的遭到晚疫病侵襲。

由於愛爾蘭只栽種同一個品種的馬鈴薯，當這種植株對病原沒有抵抗力，就代表全國的馬鈴薯都沒有。愛爾蘭的馬鈴薯就這樣慘遭晚疫病危害，導致毀滅性的全國大饑荒。

馬鈴薯原產於南美洲的安地斯山脈，在安地斯文化漫長的歷史中，從未發生過馬鈴薯大量枯死的事件。馬鈴薯有各式各樣的品種，有的十分高產，有的產量稍低但不容易生病；有的對某種病沒有抵抗力，對另一種病卻有很高的抗性等。安地斯人會同時栽培各個品種，這樣即使有的品種遭病菌侵襲，也不至於所有的馬鈴薯都枯死。

只不過，這樣的栽種方式無法增加產量，所以在南美發現馬鈴薯的外地人只選擇高產的品種，將它們帶到了歐洲。後來的人們再從這些高產的馬鈴薯當中挑選更高產的品種，以此栽培出馬鈴薯的明星品種。

自然界的植物充滿個性，人類卻只憑著「高產」這項唯一的價值觀來選擇馬鈴薯。**不管這個群體多麼優秀，一旦失去了個性都會變得極其脆弱**。這個馬鈴薯歷史事件向人類明確展現了「個性」的重要性。

大家都一樣就世界和平了嗎？

每個人都有兩隻眼睛，確實缺乏個性。

個性就是與他人不同，而不同就是個性。

因為有所不同，大家就不會完全一樣，不只長相不一樣，思考及感受方式也各有差異。

當然，這其中也會有跟自己合不來或討厭的類型，這就是多樣性。

那麼，要是沒有多樣性，所有的人類是不是就能和平相處了呢？

既然有不同類型的人存在，會讓人際關係變得麻煩，那就讓全世界的人都跟自己是同一個類型好了。

這麼一來，所有人都跟自己有相同的想法，全世界都能和平相處，應該也不會再有戰爭。

但是……這樣真的好嗎？

你喜歡什麼，全世界的人就喜歡什麼；你討厭的事，全世界的人都討厭。不管是醫生、學校老師、建築師、職棒選手、蛋糕店老闆、修車工人、農民、漁夫、偶像明星、時尚模特兒、YouTuber，甚至是總理大臣，所有的工作都必須由和你具備相同能力與特質的人來承擔。

這種世界真的有辦法成立嗎？

這個世界需要雙手靈巧的人、擅長計算的人、跑步很快的人、精通廚藝的人，有各式各樣的人們，世界才會順利地運作下去。

如果全世界的人都跟自己是同一個類型，那會怎麼樣呢？

或許人類會跟愛爾蘭的馬鈴薯一樣，一不小心就要滅絕了。

特立獨行不等於「有個性」

我們常會聽到「個人風格」的說法，這往往意味著與眾不同、特立獨行。

然而，「個性」不是特立獨行，也不是奇裝異服，更不是去破壞規則或常識。

每個人都擁有個性，所有人天生就具備個人風格。

只不過，很多人都以為要有「個人風格」，就必須做出跟一般人不同的行動。

但是，特立獨行並不是「個人風格」。

保持個人風格，應該是認同原本的自我價值，但也不代表就能為所欲為。

例如，有些人認為「不想念書是個性」、「喜歡惡作劇也是個性」，但不念書或惡作劇並不是個性，只是「行動」而已。

我們既是充滿個性的存在，同時也是人類，身為人類就必須遵守規則，學習人類社會必要的知識。保持原本的自我，並不是就這樣保持出生時的狀態，不去學習寫字或九九乘法表，然後任性地去做有害的事。

個性是為了生存而被賦予的能力，也是你賴以存活的武器。

即便和大家穿著相同的制服、排著整齊的隊伍，你也不會失去自己的個性。

倒不如說，個性反而會在當中更加閃閃發光。

個性真是「獨一無二」嗎？

誕生在這個地球的你，有著世上獨一無二的個性，沒有任何人和你相同。

就像每個人都有不同的臉孔，可能有人長得很像，但絕不會完全一樣。

只不過，世上有幾十億人，人類也綿延了數萬年的世代，真的不會出現完全相同的個性嗎？

多樣性是怎麼產生的呢？

我們先從最單純的結構來思考。

我們的特徵全是由基因決定，據說人類有大約二萬五千個基因，再由這二萬五千個不同的基因，創造出各式各樣的特徵。

基因會與蛋白質共同組成染色體，人體內含有四十六條染色體，而染色體都是成對出現，所以人類有二十三對染色體。

孩子的每對染色體各有一條繼承自父親和母親，最後組成二十三對染色體。

那麼，我們可以試著思考一下，這二十三對染色體的不同組合能創造出多少的多樣性。

首先，第一條染色體從父母其中一方的兩條染色體中選擇一條，這是第一輪；第二條染色體也是兩條中任選一條，這是第二輪。也就是說，第一條染色體與第二條染色體經過兩輪選擇，會有【二×二】共四種組合；第三條染色體也有兩個選擇，累積起來就是【二×二×二】一共八種組合。以此類推，二十三條染色體則會產生二×二×二×……，也就是二的二十三次方，一共八百三十八萬種的選擇組合。

當然，還不只如此。

這只是從父母其中一方的兩條染色體中任選一條的組合。孩子的染色體各有一條繼承自父母，因此父母雙方都要經過這樣的排列組合，結果就是八百三十八萬×八百三十八萬，總數超過七十兆。

現今全世界的人口約有七十七億，即便只是改變父母二十三對染色體的排列組合，就會創造出一萬倍的多樣性。

除此之外，在每次從兩條染色體中選出一條的過程裡，染色體與染色體之間還會互相交換一部分，如此一來，就產生了無限的排列組合。

個性的數量可以無限大

當然，生物創造個性的結構並沒有這麼單純。

大家聽過ＤＮＡ嗎？

ＤＮＡ是一種傳遞遺傳信息的物質，用來構成我們的身體，所以被稱為「身體的設計圖」。

其實，ＤＮＡ就是染色體的本體。染色體是由ＤＮＡ構成，ＤＮＡ的形狀就像一條肉眼看不見的螺旋狀細線，透過纏繞或折疊構成整個染色體。

在父親與母親的染色體進行排列組合時，這個ＤＮＡ經常會突然發生變異，創造出你的父母、甚至你的祖先都沒有的，只屬於你的遺傳基因。

往前回溯，你的父母及祖先就像你一樣，都是如此誕生在世上，並擁有獨一無二的原創個性。

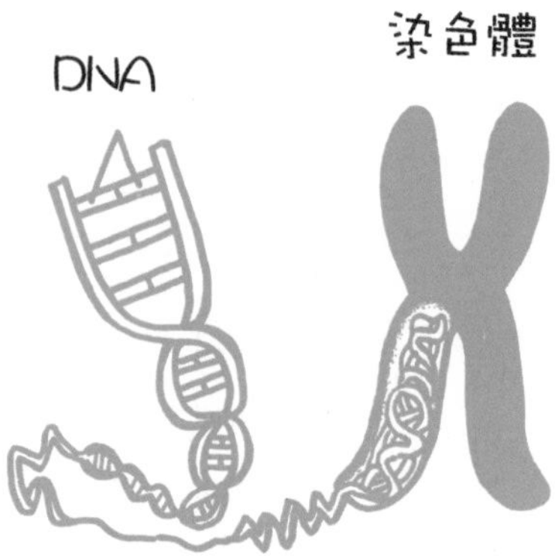

由 DNA 組成的染色體

因此，無論這個地球上有多少人，都沒有人可以取代你。即使在漫長的人類生命歷史中，從過去到未來，都不會出現跟你完全相同的存在。

你所擁有的，是地球歷史上獨一無二、絕無僅有的個性。

如果你從這個世界上消失了，就再也不會出現像你這樣的人。

若從這個角度來思考，你所擁有的個性，絕不可能沒有意義。不管誰一口咬定你的個性沒有意義，從你出生的概率來看，**世上必定有某處需要你的個性，所以你也一定能從中找到意義。**

九十八％的ＤＮＡ都用來做什麼了？

兩隻眼睛、兩隻手腳，構成人體的遺傳信息全都記錄在做為「身體設計圖」的ＤＮＡ當中。但是，構成手腳這種全人類基本身體構造所需要的ＤＮＡ，卻只占了整體的二％。

由於人類的ＤＮＡ只發揮了極少的能力，有研究者主張其中仍隱含著超乎尋常的潛在能力；相對地，也有研究者認為既然有九十八％的ＤＮＡ閒置著，代表絕大部分的ＤＮＡ都是無用的廢物。

但是，又是但是。

新近的研究逐漸揭露了一件事——這些被認為無用的龐大ＤＮＡ，應該是被用來構成人類各種不同的特質與性格。也就是說，絕大部分的ＤＮＡ都被用來創造我們的「個性」。

眼睛的存在很重要，擁有手腳也很重要。但若從ＤＮＡ的數量來思考，人類為了創造出「差異」及「個性」，可是耗費了數量龐大的ＤＮＡ。

對人類的生存來說，「個性」所占有的重要性顯然超乎我們的想像。

除了自己，成為不了別人

我在之前寫過，這個世界上沒有人和你具備相同的個性。

真的是這樣嗎？那同卵雙胞胎呢？

同卵雙胞胎是由具備相同ＤＮＡ的受精卵分裂而成，因此所有的ＤＮＡ都一樣。如果是同卵雙胞胎，世上就有另一個人擁有與自己完全相同的基因。

但是，創造個性的不只是ＤＮＡ。

生物的身體會隨著環境改變，即便有相同的ＤＮＡ，攝取大量食物就會變得高大，生活在寒冷地區就會變得耐寒。記錄在ＤＮＡ上的設計圖並非永久不變，當中的指令會使ＤＮＡ隨著環境臨機應變地調節身體，有時在環境的刺激下，還可能促使過去沒有作用的ＤＮＡ開始發揮功能。

個性就像這樣，會深受環境的影響。

例如，同卵雙胞胎的指紋並不一樣，據說這是受精卵分裂後，在媽媽肚子裡的位置有些微不同而造成的。所以，就如同指紋一般，即便是同卵雙胞胎，當他們從媽媽肚子裡生出來的時候，就已經擁有不同的個性了。

這一點些微的差異，就會創造出不同的個性。況且出生之後，他們也不可能永遠處在一模一樣的環境，所以即便是同卵雙胞胎，也會逐漸發展出相異的個性。如果連ＤＮＡ完全相同的同卵雙胞胎都是如此，不是雙胞胎的你，就更不可能有人和你擁有相同的基因，也不會有人具備跟你一樣的個性。

你是這個世界唯一的存在。就算在這個廣闊的宇宙某處存在著外星人，你也是這個宇宙唯一的存在。

你一生下來，就已經獨一無二。

不管付出多少努力，你也無法成為自己以外的其他人。

你只會是你自己，也只能做你自己。

這麼一來，你就只會成為自己。

那麼，這個全宇宙唯一的自己，是什麼樣的存在？你又能做些什麼呢？

「自我」究竟是什麼？

這是非常困難的問題，我們到後面的第五堂課再來思考吧！

第二堂課

什麼是「普通」？

人類的大腦不擅長處理「很多、不一致」，
所以會盡可能將事物排序、比較、均一化。
然而，自然界是沒有順序、不分優劣的，
在生物的世界，「不一致」才有價值。
所有生物都拚命想發展出自己的「與眾不同」，
每一個生物都是完全不同的存在，
既沒有「普通的東西」，也沒有「平均的東西」，
反過來說，也不存在「不普通的東西」。

人類最怕「很多」、「不一致」

第一堂課提過，生物很重視各自的差異性，也就是要有各式各樣的類型。之前也說過，有各式各樣的類型叫做「多樣性」。

最近常聽到有人說起「文化的多樣性」、「具備多樣性的社會」，但越是強調「多樣性」很重要，越代表這件事在過去受到嚴重的忽視。

人類說「多樣性很重要」，但人類真的理解什麼是「多樣性」嗎？

雖然認為「多樣性很重要」，但人類的大腦其實不擅長處理「很多」的狀態。

因此，即便覺得「個性很重要」，卻還是討厭「不一致」，人類總是想「盡可能統一」眼前的事物。

也因為如此，人類的世界往往會傾向於均一化。

為什麼會這樣呢？

優秀的大腦能記住幾個數字？

請大家記住下面的數字，時間是五秒。

如何呢？是不是有點太簡單了？

那麼，下面這些數字呢？時間也是五秒。

這也很簡單吧？

那麼，接下來的數字呢？時間同樣是五秒。

記得起來嗎？

最開始的兩個題目，應該很容易就能記住。

但是到了第三題，突然就變難了吧？

好，現在問大家，第三題一共有幾個數字呢？

答案是八個。

僅僅只有八個。

人類可是發明了電腦的超級天才，如此優秀的大腦，一定能處理幾百個、幾萬個，甚至是幾億個龐大的數字，我們深信這一點。

事實上，我們的大腦連兩手數得過來的數字量都掌握得很吃力。

這是因為人類的大腦本質上就不擅長處理「很多」的情況。

人類用這個方法來理解「很多」

人類的大腦不擅長處理「很多」的情況。

不過有一個好方法可以運用。

如果是這樣呢？

把原本散亂的數字排成一列，就更容易記憶了吧！

接著，再整理一下。

這次，我們把數字從小排到大。如此一來，就會發現當中有兩個3，1～9之間少了「6」和「8」兩個數字等各種資訊。

像這樣排成一列、理出順序，人類的大腦才更容易理解「很多」的問題。

人類的大腦非常喜歡排成一列、理出順序。

學校的成績不也是這樣？

「數值化」的測量標準讓大腦安心

下頁的圖中有很多蔬菜。這麼多的蔬菜，讓人腦袋一片混亂。

那麼，我們來幫蔬菜排一下順序吧！

怎麼排比較好呢？

照你喜歡的程度排吧！
問題是，選出最喜歡和最討厭的蔬菜還算容易，全都要排名就有點難了。
那麼，照顏色的順序來排？
紅色的番茄排第一個，白色的蘿蔔排最後，但其他顏色怎麼排都排不出來。
要怎麼做，才能幫這些蔬菜排序？
那麼，照長短來排呢？

原來如此，這樣就簡單了。
最長的蔬菜是什麼？白菜的長度排在第幾名？
得到這麼多資訊，大腦就滿足了。
照長短排序之所以簡單，是因為「長度」是一種能用數字呈現的測量標準。
想按照喜歡的程度排序，可以用「一百人的問卷調查」這種方式進行投票，最終化成數字。包括「魅力」、「美味度」等原本無法比較或沒有必要比較的事物，也能用問卷或投票排出順序。甚至連無法比較的顏色，透過明度或彩度等標準數值化之後，就有可能用這些數值排出順序。

其實，自然界是沒有順序的。拿紅色的圓形番茄跟白色的長條形蘿蔔比較，一點意義也沒有。但是，人類的大腦無法理解「有很多不一樣的東西」，自然界過於複雜多樣，已經超出它所能理解的界限。

於是，人類的大腦只能透過數值化和排序，努力去理解這個複雜多樣的世界。人類給所有的東西打分數、排順序或分好壞，再互相比較，這樣大腦才會安心。

人類隨時都想比較，即使沒有任何意義，也還是想比較。這就像是大腦的壞習慣，人類自己也莫可奈何。

不比較就無法理解，這是人類這種生物的大腦先天就有的設限。

只是，大腦的判斷並不是永遠正確。

我們必須記住這件重要的事——自然界其實不存在排列順序或好壞優劣。

強迫「不一致」變成「均一化」

第一堂課剛開始時，我曾經說過「雜草很難培育」，原因是「雜草不會照計畫長出來」。這個計畫，當然是「人類的計畫」。

從雜草的角度來看，它們根本沒有必要照計畫生長，會因為不符合期望而吵鬧的，只有身為人類及植物學者的我。

對雜草來說，它們就算不發芽也無所謂，這種不一致的生長狀況，才是雜草重視的價值。只是我就很頭痛了，我希望能照自己的計畫培育雜草，為了方便實驗，我更希望它們不是雜亂無序地各自發芽，而是生長得更有秩序。

明明雜草一點也不想被人類培育，更別說是被我們拿來做實驗了。雜亂無序不會讓雜草困擾，會困擾的是想管理它們的人類。

我們的世界裡有許多管理者，學校裡是老師，公司裡是社長，國家則是總理大臣或某些大人物。

雖然每個人都認同「不一致」的價值，但是管理起來真的很吃力，所以人類才會想把不一致的事物盡可能統合起來。人類允許「不一致」的存在，但還是會設置某種程度的框架，以預防過度分歧的狀況。

看看人類改良培育的植物就知道了。

自然界裡的植物跟雜草一樣，都是雜亂無序地自由生長，不然無法適應各式各樣的環境，這種「不一致」對它們來說是有價值的。

但是，人類所栽培的蔬菜或農作物，卻一點也不雜亂無序。

無論是發芽時間、蔬菜大小或是農作物的收穫期，要是各自分歧會造成很大的麻煩。因此，人類開始不斷地改良蔬菜或農作物，盡可能讓它們變得「一致」。

而「一致」當然需要標準了。例如，以長得更大、產量更多做為蔬菜及農作物的評判依據，從中選擇優良的品種。於是，農作物就越趨「均一化」，像工廠那樣被生產出來，再像工業製品般被裝箱出貨，成為商品漂亮地陳列在店裡。

生物本來就「不一致」，強迫想要「不一致」的東西變得「一致」，必須付出很大的心力。努力到最後，人類的確大大提升了「統一各種生物」的技術，但其實只是自討苦吃。**況且，在過度追求「一致」的過程中，還可能忘記了「不一致」原本存在的價值。**

「平均值」的真正作用是……

自然界有各式各樣的生物，當中不存在優劣好壞，因為「不一致」本身就具有價值。即使明白這個道理，一旦想要實際去掌握，人類的大腦就會產生混亂。大腦總是想用最簡單的方式去理解事物，這已經超出它的能力範圍。

人類的大腦會盡可能將事態單純化，以便於更容易理解。只是照數值排序還不夠，就像之前說過的，人類的大腦不擅長處理「很多」，可以的話，最好有兩個東西相互比較，像是哪邊比較大、哪邊比較小，能夠這樣判斷才會更安心。

哪一個最大？

哪一邊比較大？

就因為如此，人類創造出來的事物才會這麼「平均」。

將很多東西統整起來，制定出「平均」的標準，再將所有的東西跟平均數值比較，判斷哪個比較大、哪個比較小，哪邊比較長、哪邊比較短。

比方說，現在有兩種馬鈴薯。

將A品種的五個馬鈴薯拿來秤重，分別是二〇克、八〇克、一一〇克、二八〇克、六〇克。

將B品種的五個馬鈴薯拿來秤重，分別是五〇克、一四〇克、四〇克、一二〇克、一五〇克。

那麼，A和B哪一個品種比較大呢？

對人類來說，直接拿幾個不一致的數字做比較，一點也不輕鬆。充滿個性的生物群體，既不平均也不一致，使人類無法簡單地理解。

因此，為了比較這些群體以便理解，人類就創造了「平均值」。

在剛才的舉例中，A品種的平均重量是一一〇克，B品種的平均重量是一〇〇克，所以A品種更大。

但是，結果真的是這樣嗎？

A品種當中有比B品種更小的馬鈴薯；

B品種當中也有比A品種更大的馬鈴薯。

所謂的平均值，只是人類為了便於管理，用某個尺度單位加減乘除、截長補短後所得到的數值。

馬鈴薯的重量本來就不一致。如果仔細觀察，會發現A品種有重達二八〇克的大馬鈴薯，也有才二〇克的小馬鈴薯；B品種當中大的馬鈴薯是一五〇克，小的則是四〇克。

說實話，把A品種和B品種拿來比較，原本就沒有任何意義。

自然界的「分歧」是有意義的

雖然自然界追求分歧的狀態，但是處於平均值的生物，通常都會成為數量最多的多數派。

大家都知道，自然界中生物特性的分布狀態多半是「常態分布」。的確，觀察常態分布的圖表，會發現位在中間平均值的個體數量往往都是最多的，然後再朝兩邊逐漸減少。

就像蒲公英的花都是黃色，如果平均值足夠優秀，每個個體都會漸漸朝平均值靠近。

但是，當所有的個體不傾向於平均值，而是呈現特性分散的狀態，就代表這樣的分歧具有特別的意義。

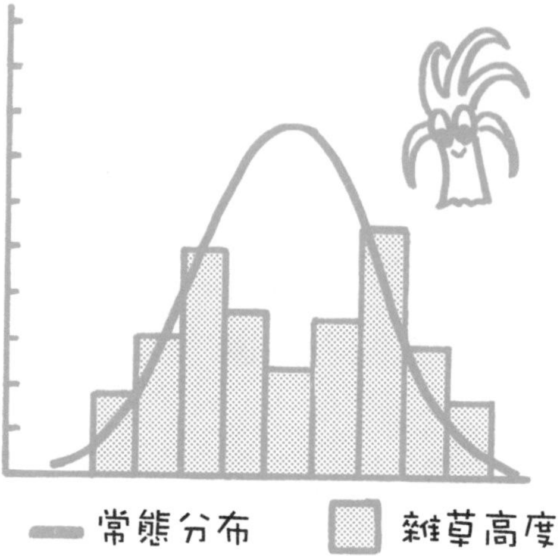

雜草高度的雙峰型分布

實際上，處於平均值的個體不見得就是數量最多的。

以雜草的高度為例，如果想跟其他植物競爭，就會努力越長越高；想要避開競爭，則會刻意長得矮一點，這些都是雜草的生存戰略。

最不利的是不高不低的狀態，無論哪一方都贏不了，所以雜草的高度分布就會如上圖呈現雙峰型的狀態。

因此，**平均不一定就是多數**。

「普通」是一種幻想

接近平均值的存在，一般會稱為「普通」。那麼，「普通」又是什麼呢？

就像之前提過的，人類的大腦不擅長處理複雜狀況，多樣性只會造成困擾。

人類無法直接理解這個複雜又多樣的世界，因此會盡可能將一切單純化、加以分析整理，盡可能把不一致的事物統合起來。

經過整理、統合之後，人類的大腦才終於能產生理解。

這樣的大腦最鍾愛的詞語，就是「普通」了。

我們會說「普通人」，但那是什麼樣的人呢？

我們也會說「不普通」，那又是什麼意思呢？

自然界沒有平均值。

「普通的樹木」是幾公分高？「普通的雜草」又是哪種雜草？

被踩踏仍然能存活的雜草和沒有被踩踏的雜草，哪一邊是普通呢？

路旁有許多雜草一直被踩踏，它們就不普通了嗎？

之前說過，**在生物的世界裡，「不同」才有價值，甚至可以說，所有生物都拚命想發展出自己的「與眾不同」**。

也因為如此，才會創造出絕不會有相同臉孔存在的多樣化世界。

每一個生物都是完全不同的存在，既沒有「普通的東西」，也沒有「平均的東西」。反過來說，也不存在「不普通的東西」。

「普通的臉」是什麼樣的臉？

世界上最普通的人，又是什麼樣的人呢？

世上沒有普通的臉，沒有普通的人，也沒有不普通的人。

原本，世上就不存在「普通」這回事。

為什麼生物要刻意製造「邊緣者」？

之前曾經說過，「平均值」十分有助於人類理解複雜的自然界，所以人類很重視平均值，尤其喜歡用它來做比較。由於太過重視平均值，一旦有偏離平均值的狀況出現，就會覺得它非常礙眼。

大家的數值全都朝平均值靠近，只有一個數值孤零零地處在邊緣，怎麼看都很奇怪。更何況，這個邊緣數值還可能影響到極為重要的平均值。

於是，做實驗的時候就會主動消除這些偏離平均值太遠的「邊緣者」，以免影響實驗的結果。

消除邊緣者，會讓平均值在理論上變得更加正確；只要把數值低下的邊緣者當成不存在，平均值說不定還會上升。為了「平均值」這種自然界根本不存在的虛幻數值，邊緣者遭到了人類的消除。

明明自然界根本沒有「平均值」，也沒有「普通」，有的只是各式各樣的生物共存同在的「多樣性」而已。

生物喜歡分歧、不一致，總是刻意地創造出遠離平均值、看似邊緣者的個體。

這是為什麼呢？

自然界沒有正確答案，所以每個生物都在努力地交出各種解答，持續創造多樣性。一旦條件不同，人類眼中認為的邊緣者，說不定就能發揮優秀的能力。

在以往，當生物面臨前所未見的巨大環境變化時，最後能適應而存活的，都是遠遠偏離平均值的邊緣者。

然後，這些被稱為「邊緣者」的個體終於成為標準，而在這個邊緣者創造的群體中，又誕生了更能適應新環境的邊緣者，逐漸成為與過往時代的「平均值」完全不同的存在。

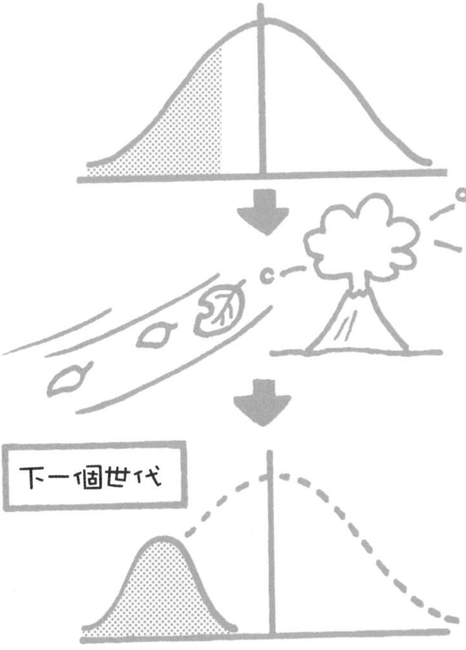

「邊緣者造成演化」是怎麼一回事？

事實上，一般都認為生物就是像這樣進行演化。

只不過，演化都是在漫長的歷史中發生，很可惜我們無法觀察到整個過程，但確實有例子得以證明，是「邊緣者」造成了演化。

例如，樺尺蠖這種白色的蛾類，會停在白色的樹幹上隱身，但有時也會出現黑色的種類。在一群白色的蛾當中，黑色的蛾就是邊緣者。

不過，當街上開始建起工廠，樹幹被工廠煙囪的煙灰燻黑，黑色的蛾反而變得不顯眼，也因此逃過鳥類的捕食存活下來，形成了黑色樺尺蠖的群體。

紐西蘭的奇異鳥（鷸鴕）是一種不會飛的鳥，這樣很奇怪吧！其實，奇異鳥的祖先據說是會飛的，只是後來誕生了不擅長飛行的個體。明明是鳥類卻不會飛，那可真的是邊緣者了。

但是，紐西蘭沒有會襲擊奇異鳥的猛獸，牠們不必靠飛行逃命，而不擅長飛行的奇異鳥因為很少飛，消耗的能量比較少，也不必吃太多食物，節約下來的能量還可以用來生更多的蛋。

就這樣，這些不擅長飛行的「邊緣者」，生下了更多不擅長飛行的後代，最後演化成了完全不會飛的鳥。

演化成小型恐龍的歐羅巴龍

再舉另一個例子，腕龍是一種全長超過二十五公尺的巨大恐龍，但牠的親戚歐羅巴龍卻約莫只有馬的大小。同樣是腕龍科，歐羅巴龍的體型也太小了。

根據研究，歐羅巴龍的祖先原本也十分巨大，但牠們是在食物短缺的島嶼上進行演化，當時只有體積小的歐羅巴龍能夠存活下來，所以牠們最後才演化成了小型恐龍。

「不一樣」對生物才更有利

人類創造出來的東西都很一致。

一打的鉛筆如果每打數量各有差異，會造成困擾。

一公尺的量尺如果每支刻度都不同，也會很麻煩。

人類在這個充滿不一致的自然界裡，奇蹟似地創造了均一化的世界。

但是，自然界是不一致的。

在自然界中，不同是有意義的。

你和我不同，絕對不可能一樣。

雖然不同，卻沒有誰優誰劣。

例如，每個人的腳速都不一樣，有的人快、有的人慢。如果是運動會，跑得快的孩子會拿第一，跑得慢的孩子就成了最後一名。但是，也就只是這樣而已。

從自然界的角度來看，這當中沒有優劣好壞，只是「不一樣」而已。只有人類喜歡評判優劣好壞，但對生物來說，這些「不一樣」才更重要。有的孩子跑得快、有的孩子跑得慢，這種分歧的情況，對生物來說才最有利。

然而，因為大腦喜歡單純的事物，人類一直努力創造不分歧、均一化的世界，有時卻忘了生物其實是不一致的，最後甚至開始排斥不一致的存在。

可以測量和不可測量的東西

我們生活在人類的社會，所以不能無視人類制定出來的尺度，遵守這些尺度也是很重要的事。

當現代社會裡的每個人都要接受教育，能在考試中拿到高分，進入升學名校，才值得受到讚揚。

當大家都熱衷運動，能成為一流的競技選手，締造優異記錄、拿出精湛表現，才值得被人尊敬。

當每個人都想成為有錢人，能在工作上獲取優渥收入，才值得良好評價。

但是，即便如此，人類也沒有優劣好壞之分。

人類制定的「標準」很重要，但更重要的是，別忘了在這些「標準」之外，還有其他更多的價值。

換言之，各種的「不同」也需要受到重視。

習慣用「標準」衡量所有事物的大人們可能會說：

「為什麼不能跟大家一樣呢？」

統一的事物更便於管理，不一致則有礙管理，所以大人們都想要把孩子們「統一」起來。

但是，大家都有不同的能力，這些「差異」才是最重要的。

請重視每個人的差異。

而且，說不定等大家長大出了社會，大人們又會這麼說——

「為什麼只能做跟大家一樣的工作呢？」

「一定要想出跟別人不一樣的創意。」

第三堂課

什麼是「區別」？

現今地球上所有的生物，
都是由一個小小的單細胞生物演化而來，
所以人類、狗、貓，甚至是蒲公英，其實並沒有分界。
只不過，人類待在雜亂的房間會心浮氣躁，
沒有分界的自然界也會讓大腦極度不安。
所以，人類自己創造了分界──
我們是人類，牠們是猴子，這是蒲公英，
為所有生物取了名字、做出區別。

事實上完全沒有「區別」

第二堂課說到，人類的大腦為了理解自然界，會透過分析整理去進行比較。

為了比較，人類更發明了「平均值」和「普通」這些方便的概念。

但是，自然界根本就不存在什麼「平均值」或「普通」。

不只如此，為了讓自己理解，人類還發明了其他自然界沒有的東西。

那就是「分界」。

比如說，大家居住的縣市有所謂的「縣境」、「市區」，地圖上會標示哪個部分是某縣或某市；在路上開車，也會看到有標誌提醒我們「進入某某縣市」。

然而，土地明明都是連接在一起，自己居住的縣和鄰近的縣，實際上並不存在分界。只是這樣實在很不方便，於是人類就設立了分界，將自己居住的縣和鄰縣區別開來。

富士山的邊界在哪裡？

大家去過富士山嗎？

說到富士山，大概會想到靜岡縣或山梨縣。但是，富士山的山腳綿延廣闊，就算查閱地圖，也看不到從哪裡開始算是富士山的邊界。

到底從哪裡到哪裡，才算是富士山呢？

富士山沒有確切的邊界。

這代表富士山可以無限延伸到天涯海角。

東京或大阪位於富士山所連接的大地上，應該也算是富士山的一部分；不只如此，富士山的地面還連接到了海底。只從地形上來看，也可以說富士山與北海道或沖繩都有連接，甚至穿越了太平洋，連接到美洲大陸。

單純看富士山，它就是富士山，但誰都不知道富士山的邊界到底在哪裡。

我們人類都是白天醒著，夜晚睡覺。

那麼，到何時算是白天，又是從何時開始才叫夜晚呢？

白天和夜晚明顯不同，但是白天不會突然變成夜晚。地球是等速旋轉，時間也是等速前進。

白天和夜晚之間，還有著傍晚及清晨等時間帶，例如傍晚就是太陽慢慢落下，東方天空漸漸變成夜晚的時刻。白天、傍晚和黑夜之間沒有分界。

但是，這樣實在很不方便，所以我們就把太陽沉沒的那一瞬間，當作白天和夜晚的區分點。另一方面，依照氣象預報的定義，傍晚是一七點到二〇點，夜晚則是二〇點到第二天清晨五點。

原本白天和夜晚並沒有分界，但也因為不方便，就定出了分界。

就像這樣，**自然界明明沒有分界，人類卻刻意製造出界線加以區別。所謂的分界，只是人類為求方便而製造的產物。**

鯨魚和海豚哪裡不一樣？

大家知道鯨魚吧？

海豚呢？

鯨魚和海豚都是棲息在大海裡的哺乳類。

那麼，大家知道鯨魚和海豚有哪裡不一樣嗎？

「鯨魚很大，海豚很小。」

其實沒有這麼簡單……我很想這麼說，但這卻是正確答案。

依照專業的分類學，小於三公尺的小型種類是海豚，大於三公尺的大型種類是鯨魚。僅僅是大小不同而已。

只有這樣？有人可能會這麼想。

其實鯨魚和海豚沒有太大的不同，真想要區分牠們，也只能從大小來區分。

人類所做的分類就是這麼膚淺。

水族館裡的領航鯨，在圖鑑裡的正式分類是海豚科，卻被稱為領航鯨。那牠到底是鯨魚還是海豚呢？

若按照大小來區分，領航鯨被歸類為鯨魚；但是在正式分類中，牠卻與一般的海豚同屬於海豚科——明明是海豚，卻被歸類為鯨魚。

鯨魚和海豚

所謂的領航鯨，又是所有圓頭鯨的總稱。海豚科底下有領航鯨屬和虎鯨屬兩個分類，而有一種圓頭鯨，和被分為領航鯨屬的領航鯨、被分為虎鯨屬的虎鯨都有關係。牠基於體型被歸類為鯨魚，但在正式分類中還是海豚與虎鯨的夥伴。

就連小朋友都知道，鯨魚和海豚不一樣。

結果，專家們費盡心力做出來的分類，卻只讓人感到莫名其妙。

真相是海豚和鯨魚根本沒有分界，是人類硬要在兩者之間做出區別，然後說這是海豚、那是鯨魚而已。

猿猴是怎麼演化成人類的？

據說人類的祖先是猿猴的近親，那猿猴的近親最後是怎麼演化成人類的呢？

總不可能是某天早上醒來，猿猴就突然變成人類了。

或是猿猴媽媽哪天忽然生下了人類寶寶？當然也沒有這種事。

是歷經了無數漫長的世代交替，才讓猿猴逐漸一點、一點演化成了人類，這其間並沒有明確的分界線。

河流有上、中、下游，到哪裡為止是上游、從哪裡開始是下游呢？河流中並沒有區別上、中、下游的分界線，猿猴與人類也一樣，缺乏明確的分界線。

黑猩猩被認為與人類有共同的祖先，人類與猿猴祖先之間沒有分界線，黑猩猩與猿猴祖先之間自然也沒有。也就是說，人類與黑猩猩一樣沒有分界線。

但是，人類與黑猩猩明顯不同，兩者之間真的沒有分界線嗎？

生物有辦法分類嗎？

人類與黑猩猩明顯不同。自然界存在著各式各樣的生物，而用來區別所有生物的學問就是「分類學」。

比方說，小朋友都知道狗與貓不一樣。狐狸長得跟狗類似，所以被當成狗的夥伴分類在犬科；老虎及獅子跟貓類似，所以被當成貓的夥伴分類在貓科。分類學就是透過這樣的方式，將生物進行分類和整理。

狗與貓、狐狸與獅子，都是生物分類法中最基本的單位，稱為「種」。狗與貓就分屬不同的物種。

「種」這個群體的定義，是「彼此在形態和生理構造上具有共通的特徵，而且與其他物種有所差異」。狗與狗有共通的特徵，而且與貓的外貌非常不同。物種基本上是靠能否繁殖來區別，意思就是狗能生下狗的孩子，卻無法生出貓的孩子。狗只能與狗繁衍，貓只能與貓繁衍，並因而區分出狗與貓兩個物種。

植物的狀況又是怎麼樣呢？

蒲公英和鬱金香不一樣。但是，如果更仔細地分類，會發現蒲公英當中存在著很久以前就生長在日本的蒲公英，以及後來從海外傳入的西洋蒲公英；再分得更細一點，日本蒲公英還能分成主要分布在東日本的關東蒲公英，以及主要分布在西日本的關西蒲公英等各式各樣的種類。

那麼，關東蒲公英和關西蒲公英真的是不同物種嗎？或者只是生長的地方不一樣而已呢？

研究者對此也有分歧的觀點。

前面跟大家介紹過，物種的分類是以彼此間能否繁殖來區別，還舉了狗與貓做例子。只是，植物的情況就不如動物那麼明確了。

例如，西洋蒲公英與日本蒲公英在分類上是明確的兩個物種，但大家都知道它們可以相互雜交；不只如此，它們所雜交出來的混種，還能與西洋蒲公英及日本蒲公英繼續雜交。這麼看來，西洋蒲公英與日本蒲公英算是同一個物種嗎？或者仍然是不同的物種呢？

明明「種」的定義是像狗與貓那樣具有生殖隔離機制、無法產生混種，但植物卻普遍進行著不同物種相互交配的「種間雜交」。

所以說了老半天，所謂的分類就只是這種程度而已。

連「種」這個生物分類法中最基本的單位，在分界上都如此曖昧不清，其他的分界又有多少意義呢？

專家們到今天都還在為物種的概念爭論不休，而提出演化論的查爾斯・達爾文（Charles Darwin）曾經說過——**「原本就不該將無法分類的事物強行分類。」**

蒲公英和蝴蝶和我

就像人類與黑猩猩有共同的祖先，哺乳類、鳥類、爬蟲類及兩棲類也都是從有脊骨的脊椎動物祖先演化過來的。再往前回溯，會發現各式各樣的生物都是由共同的祖先演化而成。

自然界沒有分界

如果像尋找河流源頭般追溯演化的過程，就會發現根本不存在下游和中游、中游和上游的分界線，而能直接追溯到生物的最近共同祖先——一個小小的單細胞生物。

也就是說，做為祖先的單細胞生物和我們人類之間，其實沒有任何的分界線。

這個「最近的共同祖先」被稱為「露卡」（LUCA），現今地球上所有的生物，都是由這個小小的單細胞生物演化而來。

人類與猿猴祖先之間沒有分界線，由共同祖先分支而成的人類與黑猩猩之間也沒有分界線。從這個角度思考，由露卡演化而來的人類、狗、貓，甚至是蒲公英，彼此間都沒有明確的區別。

自然界沒有分界。

因此，存在於自然界的所有生物，也沒有明確的分界。

只不過，人類雖然能理解自己與蒲公英之間沒有分界，但想想似乎又會覺得有點彆扭，對吧？

人類待在物品又多又雜亂的房間會心浮氣躁，沒有分界的自然界也會讓大腦極度不安。所以，人類自己創造了分界——我們是人類，牠們是猴子，這是蒲公英，為所有生物取了名字、做出區別。

這麼做之後，人類的大腦才終於獲得安寧。

「比較」會蒙蔽真實的樣貌

其實，劃分界線、做出區別並不是什麼壞事。

一旦沒了分界，人類的大腦就會變得很不安定，理解力也跟著停滯，所以就算只是曖昧的界線，都比沒有來得好。

劃分界線之後，複雜的自然界就會變得更容易理解。

為沒有分界的自然界制定規則、劃分界線，做出區別後再進行整理，這其實是極為優秀的能力，人類就是這樣發展出高度的文明和先進的科學。

只不過糟糕的是，人類會在現實中沒有分界的地方劃出界線，然後為了滿足自己，將這些被區分的事物拿來比較，藉此判定優劣和順序。

「比較」會幫助我們獲得很多資訊，但也可能讓我們看不清事物真實的樣貌。

什麼是真正的大小？

舉例來說，矮種馬是一種很可愛的小型馬，每個人都會覺得「矮種馬很小」。

但是，如果跟狗相比，矮種馬的體型就大得多了。在大人眼中，矮種馬或許很可愛，但是從小孩子的角度來看，矮種馬仍然是需要抬頭仰望的可怕動物。

那麼，矮種馬到底應該算是大還是小呢？

其實，矮種馬既不大也不小，牠就是一隻矮種馬。只有人類拿牠來比較時，才會開始出現「大」或「小」的問題。

再打個比方，考試考了八十分很開心，但是一看到朋友也因為考了八十分很高興，自己的喜悅好像就打了折扣。要是朋友考了一〇〇分，自己還可能莫名地沮喪起來。

考了八十分的價值，不應該因為朋友考了幾分而改變，人類的大腦卻因為和他人比較，任意改變了八十分的價值。

彩券中了一萬元很高興，但要是知道跟自己在同一家店買彩券的人中了一億元，就老是覺得自己賠了，明明自己也得到了一萬元。

佛教的基礎思想依循佛祖的教誨，往往要求人們「不比較」。自古以來，就一直有各種論述強調比較的危害，可見要人類不比較是多麼困難的事。

不是要做出「區別」，而是想製造「差別」

人類的大腦不僅想在沒有分界的自然界中劃線、區別，還想藉此比較以分出優劣。換句話說，人類不是要做出「區別」，而是想製造「差別」。

首先，就是拿自己跟對方比較。

這時會以自己做為「普通」的基準，再做出判斷。但我們在68頁已經說過，自然界不存在「普通」這種東西。

人類將自己當成「普通」的標準，從中區分出「普通」和「不普通」，然後批判與自己相異的人事物，對它們做出「差別待遇」。

自然界沒有分界，也沒有所謂的「普通」。

如同89頁提過的，人類連狗與貓的區別都說不清楚，更不用說要區分日本人和外國人了。況且，人類真的會因為膚色而有所差異嗎？

除此之外，人類社會中也有「障礙者」和「健全者」的區別，但世上原本就沒有人的身體完全正常，也沒有人的身體都有障礙。

甚至連大人和小孩都不存在分界。小學生與中學生只是上的學校不同，本質上並沒有區別，身高也是一天天增長，而不是突然某天就變成了中學生的身體。

彩虹有幾種顏色呢？

一般會認為，彩虹有紅、橙、黃、綠、藍、靛、紫七種顏色。

但是，美國人及英國人卻認為彩虹有六種顏色，德國人及法國人則覺得彩虹只有五種顏色。

不管有幾種，彩虹的最外側都是紅色，最裡面都是紫色。

紅色和紫色明顯不同，但沒有人知道到哪裡是紅色，從哪裡開始是紫色，彩虹是從紅色漸漸轉變為紫色。只是這樣太難理解了，於是人類的大腦就在這當中自行劃出界線，把彩虹分成七色或是六色。

彩虹其實沒有分界，所有的顏色彼此相連。
自然界也一樣，所有生物都毫無區別地連結在一起。
而且，自然界非常重視這許許多多的「不同」。

「有各種不同的存在」是真正的美

人類的大腦很擅長將複雜的事物單純化，為多樣性劃分界線、做出區別。
但是，人類也是多樣性生物當中的一分子。人類的大腦難以理解「很多」，但並非討厭「很多」的存在。
插在花瓶裡的一朵花很美，但在山野間綻放的各色花朵更能打動人心。
就算大腦難以理解，人類還是隱約感受到那是一種「美」。所以人類其實也明白，「有各種不同的存在」是很美好的事。

我們現在去花店，可以看到五彩繽紛的鮮花。

就像31頁說過的，自然界的花朵顏色在某種程度上十分固定，例如蒲公英是黃色、紫花地丁是紫色，這些花色是吸引昆蟲的重要標記，沒有個性可言。

即便如此，人類仍然覺得有許多顏色更美，因而栽植出各色花朵。

自然生長的蒲公英只有黃色，但是與蒲公英同屬菊科的園藝種「多花型菊花」就不只有黃色，還有白色、紫色、粉色或紅色等各種花色。

此外，紫花地丁的親戚三色堇或紫羅蘭也不只有紫色，還有白色、黃色、橙色及紅色等多個種類。

這些多采多姿的鮮花品種，全都是人類改良而成的。

有各種不同的存在是很棒的事，更代表了真正的美。

這樣就很足夠了。

各位知道由詩人近藤宮子作詞的童謠《鬱金香》嗎？

綻放了　綻放了
鬱金香的花
朵朵開　朵朵開
紅色　白色　黃色
每一朵都好美麗啊

紅色、白色和黃色，沒有哪一種最美麗。
每一朵花都很美。
各種不同顏色的花一起綻放，更是美不勝收。

第四堂課

什麼是「多樣性」？

「只有第一才能活下去」，是自然界的最高法則。
但不可思議的是，自然界卻存在著各式各樣的生物，
這代表所有的生物不需要競爭，
也能分棲共存，分享著「第一」的位置。
因此，所有的生物都是「第一」，
而要成為「第一」的方法，則是多不勝數，
看似再怎麼弱小或無趣的生物，
一定也會找到某處獨擅勝場的立身之地。

地球展現了豐沛的多樣性

「多樣性」，就是有很多種類的意思。

相同種類的雜草，有的具備早發芽的特性，有的具備晚發芽的特性。

同樣是人類這個物種，所有個體都有不同的臉孔，也有各式各樣的性格。

這樣的個性稱為「遺傳多樣性」。

此外，自然界也有各式各樣的生物。

望向天空，有鳥兒在飛翔；看向草叢，有許多昆蟲在覓食。

鳥兒有麻雀、烏鴉等形形色色的種類；草叢裡的昆蟲也有蚱蜢、螳螂或瓢蟲等不同種類，蚱蜢當中還有飛蝗、劍角蝗及負蝗等。

像這樣有許多種類的生物存在的狀態，就叫做「物種多樣性」。

全世界的動物及植物加總起來，單單已知的種類就有一百七十五萬種。這個數量聽起來很龐大，但還有更多不為人知的生物存在著。據說，實際上可能有五百萬到三千萬種的生物在地球上繁衍生息，這就是自然界號稱的「生物多樣性」。

好驚人的數字。地球果然是孕育生命的星球啊！

每一種花都有它最好的顏色

之前說過，所有的蒲公英都是黃色，不具有個性。例如西洋蒲公英這個種類全是黃色，因為對它來說，黃色就是最好的顏色。

不過，名字裡有「蒲公英」的植物其實有六十種以上，其中還有一種白花蒲公英，它開的花就是白色的。白花蒲公英的花也全是白色，不具有個性，因為對它來說，白色就是最好的顏色。

一般提到堇菜科的代表植物，都會想到開紫色花的紫花地丁，但它有一個夥伴叫東方堇菜，是開黃色的花；當然，也有開白花的種類，就叫白花地丁。

野生植物大多會像這樣，依照種類不同而有固定的花色。

既然對大部分的蒲公英來說，黃色是最好的顏色，那麼全世界的花朵都變成黃色不是更好嗎？當然不是了。蒲公英是蒲公英，紫花地丁是紫花地丁，每一種花都有對它們來說最好的顏色。

那反過來思考一下，自然界裡為什麼要有各種各類的花呢？

繽紛多樣的花很美，卻顯得複雜又麻煩，難道世界上不能只開一種花嗎？

為了找出這個答案，我們就在這堂課裡觀察生物們的世界吧！

自然界究竟為何會有那麼多種類的生物呢？

我們就先從這個問題來探討。

要當「唯一」還是「第一」？

日本歌手槇原敬之創作的《世界上唯一的花》這首歌裡，有句這樣的歌詞：

不必成為No.1，因為你就是最特別的only one。

這句歌詞引發了兩方完全不同的意見。

其中一方認為，人應該要像這句歌詞所說的一樣，珍惜自己的獨一無二，也就是「唯一」（only one）。

不是只有「第一」（No.1）才有價值，我們每個人都是獨特的存在，這樣不是很美好嗎？——確實非常有道理。

另一方則有不同的想法。由於人活在競爭的世界，如果只滿足於「唯一」，那就沒有努力的必要了。社會如此競爭，還是應該追求「第一」才更有意義——這也很有說服力。

是珍惜「唯一」就好？還是應該追求「第一」？

你贊成哪一邊的想法呢？

其實，針對這個問題，生物們的世界早已給出明確的答案了。

只有「第一」才能活下去？

「只有第一才能活下去。」其實，在生物的世界裡，這是最高法則。

生物課本裡介紹過「高斯假說」（Gause's hypothesis）（競爭排斥原理），這是一個足以證明「只有第一才能活下去」的生物實驗。

前蘇聯生物學家高斯（G. F. Gause）曾經將兩個種類的草履蟲——尾草履蟲和雙核草履蟲——養在同一個水槽裡進行實驗。

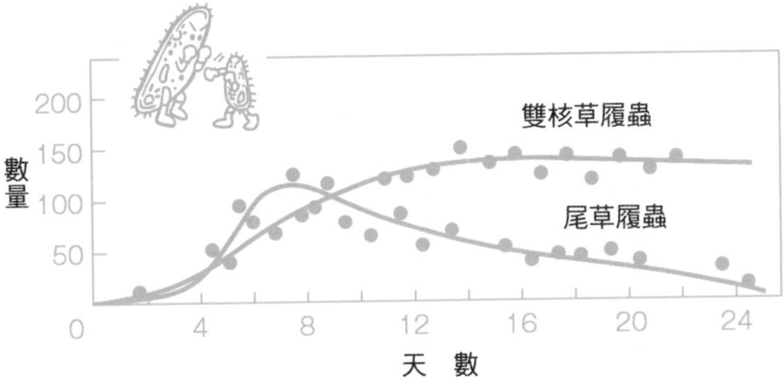

無法共存的兩種草履蟲

結果，發生了什麼事呢？

剛開始的時候，這兩種草履蟲相安共存，並且逐漸增加數量。

但是到了後來，尾草履蟲開始減少，最終完全消失了，水槽裡只剩下雙核草履蟲。

當食物及生存空間減少，兩種草履蟲就必須相互競爭，直到一方完全滅亡。因此，同一個水槽裡無法共存兩種草履蟲。

「只有第一才能活下去。」

這是自然界嚴苛的生存鐵律。

競爭不只是發生在水槽裡。自然界原本就是弱肉強食，時刻充斥著激烈的競爭及衝突，所有的生物都圍繞著「第一」的寶座，拚命競逐和爭奪。

然而，很不可思議的是，自然界卻存在著許許多多的生物。

如果只有「第一」的生物可以存活，整個世界就應該只有獲得「第一」的這種生物活著才對。

但為何自然界還是有這麼多種類的生物呢？

光是看草履蟲就知道，自然界中有很多種類的草履蟲。

如果高斯的實驗證明了只有「第一」才能存活，自然界應該跟這個水槽一樣，只剩一種草履蟲存活下來，其他草履蟲都會滅絕。

但是，自然界依舊有許多種類的草履蟲存在著。

這到底是為什麼呢？

自然界裡有無數的「第一」

其實，高斯所做的實驗還有後續，而且給了後世極大的啟發。在接下來的實驗裡，高斯更換了其中一種草履蟲，將綠草履蟲和尾草履蟲養在一起。

結果如何呢？

出乎意料地，兩種草履蟲都沒有滅亡，反而在同一個水槽裡共存下去了。

這是怎麼一回事？其實是尾草履蟲和綠草履蟲有著不同的生存方式。

尾草履蟲主要以浮在水槽上方的大腸菌為食，綠草履蟲則是以沉在水槽底部的酵母菌為食。所以，牠們不需要像雙核草履蟲和尾草履蟲那樣相互競爭。

「只有第一才能活下去。」這確實是自然界的最高生存法則。

但是，尾草履蟲和綠草履蟲都以「第一」的身分存活下來了。

也就是說，尾草履蟲是水槽上方的第一，綠草履蟲是水槽底部的第一。

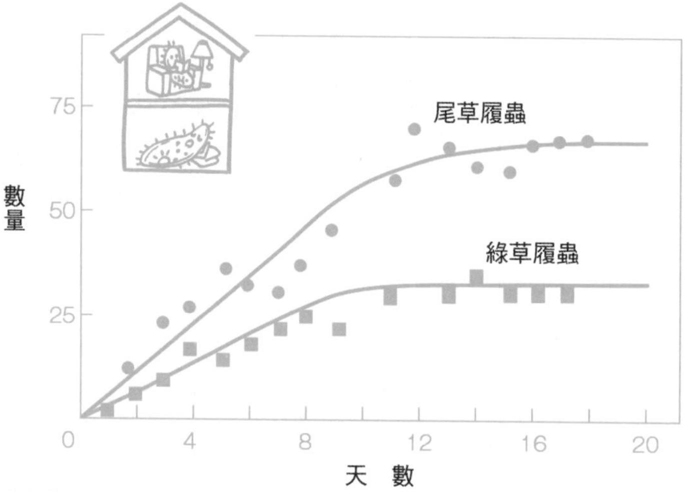

共存的兩種草履蟲

即使都在同一個水槽裡，還是可以用這種方式分享「第一」的位置。**不需要競爭也能共存，這在生物學中稱為「分棲共存」**。

自然界裡有許多生物生活著，這也代表所有生物都在「分棲共存」，分享著「第一」的位置。因此，所有的生物都是「第一」。

自然界中，光是已知的生物就有一百七十五萬種，也就是至少有一百七十五萬個「第一」。而要成為「第一」，方法則是多不勝數。

在「唯一」中成為「第一」

「只有第一才能活下去」，是自然界的最高法則。所有的生物都是「第一」，看似再怎麼弱小或無趣的生物，也一定有某處是獨擅勝場的「第一」。

成為「第一」的方法多不勝數。在這個環境裡是第一，在那個空間中是第一，以這個為食是第一，在那個條件下是第一……各種生物分享著第一，才能讓形形色色的生物生活在「應該只有第一才能活下去」的自然界。

自然界真的好不可思議吧！

不過，雖然自然界有很多第一，但對於每種生物來說，這個「第一」的寶座都只有屬於自己。**所有生物占據的位置，都是「唯一的第一」，既然是唯一，就絕對擁有獨一無二的特徵。也就是說，所有的生物都是第一、也是唯一。**

這就是自然界對於「第一比較重要？還是唯一比較重要？」的回答。

所有生物都有自己的「區位」

「只有第一才能活下去」，是自然界的最高法則。

不過，成為第一的方法有很多。**棲息在地球上的所有生物，都具備成為第一的條件。這個讓生物成為「唯一的第一」的位置，在生態學中叫做「niche」（區位）。**

「niche」在法文中的原意是神龕，意指法國的教堂建築為了放置神像，而在外牆上鑿出的一個小小空間，後來被引伸為「未被注意的空白地帶」或是「針對優勢細分出來的能力」，所以也被譯成「利基」（例如利基市場），在生態學中則稱為「生態區位」（ecological niche）。

就像每個神龕只能放進一尊神像，每個「區位」也只能存在一個物種。

我們的身邊有許多生物，有的看來十分弱小，也有不少和人類相比顯得單調又無趣。但是，所有生物都有專屬於自己的「區位」，可以成為「唯一的第一」。

蚯蚓也在努力活著

有一首深受日本小朋友喜愛的童謠叫做《把太陽捧在手心》（柳瀨嵩作詞、今泉隆雄作曲），當中有一句歌詞是「我們大家都在努力活著」。

蚯蚓也好，螻蛄也好，水蜘蛛也好，
大家都在努力活著，大家都是好朋友。

無論蚯蚓、螻蛄或水蜘蛛，都不是什麼強大的生物，也很難讓人覺得優秀。但是，這些生物所占據的「區位」絕對讓人驚訝。

蚯蚓不吃肉也不吃草，牠生活在土裡吃土維生。在所有生活在土裡吃土維生的生物中，蚯蚓最強大。

沒手沒腳的蚯蚓看似是單純的生物，但據說蚯蚓的祖先其實有頭部和類似足部的器官，只是為了成為在土裡吃土維生的第一名，而捨棄了用來移動的足。

那麼螻蛄呢？螻蛄和蟋蟀同為直翅目的夥伴，雖然地面上有很多種蟋蟀，但沒有一種會挖掘洞穴生活在地下，光憑這項能力，螻蛄就是不折不扣的第一。

水蜘蛛呢？水蜘蛛的「區位」也很厲害。牠既不生活在陸地上，也不生活在水底下。陸地上有很多生物，水底下也有很多生物，但是在水面這個範圍，水蜘蛛是最強的肉食昆蟲。

不管是蚯蚓、螻蛄或水蜘蛛，全都占據了很厲害的「區位」。

你可能只是待錯了地方

有一種觀點叫做「框架理論」。

比方說，你現在是一條魚好了。你在水裡可以悠游自在，但是一到了陸地上，就會瞬間陷入拚死彈跳、掙扎的境地。再怎麼咬緊牙關努力，你都無法像其他生物那樣在陸地上行走。對你來說，最重要的就是找到水。

或者，你現在是一隻鴕鳥。鴕鳥是世界上最大的鳥類，擁有無比強大的腳力，可以跑得非常快，粗壯的腳一踢出去，連猛獸都得退避三舍。但是，如果鴕鳥開始煩惱自己為什麼不能像其他鳥兒在天上飛，就會覺得自己是鳥中的廢物。鴕鳥在陸地上才能發揮最大的實力，空中不是牠的戰場。

你是不是也覺得自己很糟糕呢？但真的是這樣嗎？

或許你只是變成了在陸地上掙扎的魚？或者憧憬飛向天空的鴕鳥？

所有生物都有得以發揮自我實力、讓自己閃閃發光的領域。糟糕的不是你，你可能只是待在了不適合的地方。

所以，最重要的是找到那個可以讓你發揮實力的「區位」。

思考「區位」所帶來的啟發

不過，希望大家不要誤會，這堂課裡對於「區位」的思考，是針對白粉蝶或非洲象等基本的物種單位來探討。人類這種生物已經在自然界中確立了堅實的生態「區位」，我們個人都不需要再去努力尋找。

不過，針對「區位」概念所做的思考，對於正活在個性時代的我們，其實有很大的參考價值。

人類將「互助合作」這個形式發展到了極致，藉此分擔不同的角色及責任，構築起整個社會。比方說，力氣大的人出去狩獵，視力好的人採收水果及植物，擅長游泳的人去捕魚，雙手靈巧的人製作工具，廚藝拿手的人料理食物等，當中也有人負責向神祈禱、有人幫忙看顧小孩。人類自古以來就懂得分工合作，藉此讓社會不斷地進步發展，人類社會的建構方式可以說就是「讓擅長的人做擅長的事」。

在人類社會中，每個人都在各種位置上執行不同的任務，就跟許許多多的物種在生態系中擔負各式各樣的角色，是一樣的狀況。

但是，當社會變得高度複雜化，責任分配也會更難釐清，每個人都不知道誰該擔任什麼角色，也更不容易找到自己在社會中擅長的位置。

所以我認為，「區位」這個以物種為基本的思考方式很值得參考，能夠幫助我們重新解析自己在社會中的角色定位。

那麼，就讓我們一起來尋找讓自己成為「唯一的第一」的「區位」吧！

不過，大家要有心理準備，要找到成為第一的位置，可沒有想像中容易。

下一堂課，我們就要試著來思考，如何找到能成為第一的「區位」。

第五堂課

什麼是「自我」？

圖鑑是人類擅自製造的產物，
其中的記錄或許都只是人類自以為是的意見。
雜草不會照著圖鑑生長，這是它最大的魅力，
對我這個研究植物的人來說，
跟圖鑑不一樣會造成很多麻煩，
但是，看到雜草只是恣意地生長、自由地開花，
完全不理會人類任意決定的規則和「應該如何」的幻想，
又讓我覺得好痛快，甚至有點羨慕。

縮小範圍，更容易成為第一

想要找到能讓自己成為第一的區位，有兩個要訣。

第一、縮小範圍。

第二、創造自己的領域。

在販售商品的行銷界中，「niche」被稱為「利基」，代表位於縫隙處的小眾市場。舉例來說，有的商品深受歡迎，人手一個；相對地，有的商品只獲得部分狂熱者的喜愛，珍貴稀少。珍稀的商品雖然銷量不高，卻有忠實的支持者，這種存在於廣大市場縫隙處的小眾商品就是利基。

生物學中所說的「niche」（區位），則是指能成為第一的位置，不一定存在於小小的縫隙處。有的區位很小，有的區位就很大。

不過，區位既然是能夠成為第一的位置，想在大的區位持續保持第一，就會非常辛苦。以田徑比賽為例，如果是世界上腳速最快的區位，全世界只有一個人能取得，而且還要一直贏過所有的比賽，真的十分費力。

那麼，如果稍微縮小範圍呢？像是日本腳速最快的區位，會比世界第一來得簡單；要是再縮小到全校第一或全班第一的範圍，就更輕鬆了。

除此之外，也可以縮小項目的範圍，像是一〇〇公尺的第一、二〇〇公尺的第一、一五〇〇公尺的第一等等，也會更容易達成目標。

話雖如此，想用這個方法成為第一，難度還是很高。畢竟參加「賽跑」這類競技的人非常多，想在當中拔得頭籌絕非易事。

如果把區位的範圍縮得更小呢？

像是運動會裡，就有許多娛樂性質的競賽項目。如果是在障礙跑奪得第一呢？或是鑽網子第一、走平衡木第一等等……項目分得越細越好。

還有咬下空中麵包再吃掉的比賽、用湯匙運乒乓球的比賽，或是根據出題去借東西的比賽等，運動會裡除了比速度的賽跑之外，還設計了各式各樣的第一。

其實，自然界的生物也是像這樣將條件細分設定，以確保自己能成為第一的區位。反過來說，也就是所有的生物都在地球上分享著各種小小的區位。

不必去爭既有領域的第一

想要找到讓自己成為第一的區位，第二個要訣是「創造自己的領域」。

沒有人說只能在既有的領域裡爭取第一。

比方說，不需要去爭取國語或數學等傳統學科的第一，也不需要去搶奪一〇〇公尺或學校馬拉松大會這種常見項目的第一，更不需要去比拚考試分數或學力檢測值這種既存評價的第一。

我們可以為自己創造一個成為第一的「指標」。

《哆啦A夢》裡的大雄，利用能製造假想世界的祕密道具「如果電話亭」，創造了與當前這個世界的價值觀完全相反的各種世界。

在以睡覺為最高價值的世界裡，大雄以〇・九三秒瞬間入睡這項絕技打破世界紀錄，贏得了熱烈讚賞。

在大雄幻想的另一個「翻花繩世界」，那裡的價值觀是「越會翻花繩越受人尊敬」，於是擅長翻花繩的大雄變成了大明星，後來還當上流派的宗家，眾人爭相想做他的弟子，他甚至要競選翻花繩大臣。

看過動畫的人都知道大雄是射擊高手，而他察覺到自己有這項才能的契機，則是因為他挖完鼻孔彈鼻屎時，永遠都百發百中。

什麼事都可以，再小的事也沒關係。要是真的有「如果電話亭」，大家會想許願創造什麼樣的世界，讓自己成為第一呢？

雖然有擅長的事……

雖然有擅長、喜歡的事，卻沒有自信成為第一。

有時的確會如此，其實生物也是一樣。

每當這種時候，**生物們就會採取「區位轉移」（niche shift）的戰略**。

每種生物都占據著某個「唯一的第一」，但這個區位並非是永遠不變的。

既然所有生物都在尋找讓自己成為第一的位置，就有可能和其他生物重疊，或是隨著時代及環境的變化，失去了原本第一的優勢。

這時**生物們需要一邊保有原本擅長的能力，一邊嘗試擴展其中的潛質，另外創造一個能讓自己重回第一的領域**。

叢林烏鴉原本棲息在森林深處，如今卻每天在住宅區及市中心翻找垃圾，牠們善用過去在複雜的森林環境中累積的高超飛翔技巧和捕食能力，在都市這個複雜的環境活得如魚得水。

棲息在水田裡的三眼恐龍蝦，原本是生活在沙漠的生物，每當沙漠降下大雨，地面會形成短暫的水窪，再逐漸乾涸，三眼恐龍蝦可以在這暫時形成的積水中迅速孵卵、成長，進而產下新卵。水田雖然有豐沛的水資源，但是每到夏季，為了調節水稻的生長會把田裡的水放乾，這時大多數的水中生物都會死亡，只有三眼恐龍蝦可以留下新卵，繼續存活。

紅點鮭是生活在乾淨水域的魚類，但只要水域中存在比自己強勢的山女鱒，紅點鮭就會逃向溪流的上游。由於紅點鮭具有「耐寒」的優勢，因此可以移棲到山女鱒無法適應的冰冷上游水域。

這就像是有一隻腳穩穩地立在原來的位置，再用另一隻腳去尋找其他可以站穩的地方。生物會透過這種方式持續尋找「能成為唯一的第一的位置」，然後再安全地轉移過去。

換句話說，就是從擅長的領域逐步擴展出去，以尋找下一個屬於自己的區位。

或許你在擅長或喜歡的事情上無法成為第一，但是在這些擅長或喜歡的事情附近，一定會有能讓你成為第一的地方，請堅持尋找下去。

也有時候，自己雖然有喜歡的事，卻怎麼做也比不上別人。

比方說，雖然熱愛足球，卻踢得沒有別人好；雖然喜歡歷史，考試成績卻總是很差。這時候，可以用「自己喜歡的事」當作軸心，稍微挪移一下目標。

日本的補教天王林修老師曾經說過：

「要把所有的努力，放在不需要太過努力就能成功的地方。」

這確實是一條讓自己成為「唯一的第一」的捷徑。

當然，我們畢竟是活在二十一世紀的人類，如果單單只為了存活去尋找自己的區位，也未免太空虛了。

的確是如此。所以，**要從自己「喜歡」、「擅長」以及「別人所需要」的事情**

中，去尋找「區位」的線索，然後不斷進行「小小的挑戰」。

關於這些「小小的挑戰」，我們會在下一堂課討論。

在「自我」的領域裡決勝負

「我沒有擅長的事，也不知道自己喜歡什麼，這樣要怎麼找到讓自己成為第一的區位呢？」有人或許會這麼想。

其實，我有個壓箱寶的秘訣，能讓你迅速找到屬於自己的「唯一的第一」。

那就是「自我」。

只要創造出「自我」的領域，你就是當仁不讓的第一；在「自我」的領域裡，你也是獨一無二的唯一。

只不過，還有一個問題。

在第一堂課最後，我問過大家：「自我是什麼？」

我們每個人都是充滿個性的存在，什麼都不用做，原本的這個自己就已經擁有「自我」。

然而，即使說是「自我」，這個東西還是連自己都很難理解。

迪士尼動畫電影《冰雪奇緣》的主題曲《Let It Go》幾乎紅遍全球，歌詞說的就是放下一切、做回自己。

披頭四的名曲《Let It Be》，也是反覆地唱著「let it be」（讓它去），要人們重拾「自我」。

這些歌曲之所以受到眾人喜愛，就是因為「做自己」真的非常困難。

擁有自我、做原本的自己，到底是怎麼回事呢？

自我究竟又是什麼？

沒有人知道大象真正的模樣

大象是什麼樣的生物呢？

可能有很多人會回答：「大象是一種鼻子很長的動物。」但真的是如此嗎？

有一則源自古印度的寓言叫做《瞎子摸象》，故事說到很久很久以前，有一群眼睛看不見的人，聚在一起討論大象這種生物。摸到象鼻的人說「大象像蛇一樣細長」；摸到象牙的人大叫「大象長得像長矛」；摸到耳朵的人說「大象就像一把扇子」；摸到粗壯象腿的人又說「大象像一棵大樹」。

每個人說的都是對的，但是，沒有一個人知道大象真正的樣貌。

我們和故事裡這群眼睛看不見的人其實沒有兩樣。

「大象是一種鼻子很長的動物。」這就是大象的全部了嗎？

還有長頸鹿呢？長頸鹿是一種脖子很長的動物……只有這樣而已嗎？

那麼，斑馬呢？馬來貘呢？

大象跑完一〇〇公尺的速度大約是十秒，跟人類的奧運選手不相上下。所以，大象也是腳速很快的動物，長鼻子只是大象的其中一面。

大家都說狼是可怕的猛獸，事實又是如何呢？

狼確實會襲擊綿羊等家畜，但狼是群居動物，狼爸爸會把為家族獵獲的食物先分給小狼吃，所以狼也是非常重視家人，溫柔又忠誠的動物。

你是圓形還是三角形？

有的人認為那是圓形，有的人覺得是三角形，還有其他人說是四角形。

到底哪一個才是對的呢？

圓形？三角形？還是四角形？

每個人說的都沒有錯。

請看看上方這個圖形。

它從上面看是圓形，從側面看會變成三角形，如果從另一個角度看，又會變成四角形。

但是，我們每次都只能從其中一個方向來看，所以會看到不同的形狀。

人類也是一樣。可能有人覺得你是「文靜的人」，但也有人覺得你是「活潑的人」，或許這兩種感受都是對的，我們其實都沒有那麼單純。

但是，人類很容易單憑其中一面就任意判斷，再加上人類的大腦討厭複雜的狀況，凡事都想要單純化、盡可能簡易地解釋。

大象是長鼻子，長頸鹿是長脖子，人類喜歡這樣的概括法，所以也會想把你簡化地認定成「〇〇的人」。

我們確實對這種狀況無可奈何，因為人類的大腦根本不想理解你有多複雜。該留意的是，不要連你自己都相信了旁人只憑著片面見解，就為你貼上的標籤。

比方說，別人認為你是「文靜的人」，這或許沒有錯，但這不過是你的其中一面。如果因此誤以為大家所說的「文靜的人」就是「自我」，一旦「不文靜」就不像「自己」了，便會開始逼迫自己要做個「文靜的人」。

人往往就是這樣迷失了「自我」。

有時候，還會因為不像「原本的自己」而痛苦。

然後，我們就主動丟棄了「真正的自己」。

「形象」又是什麼呢？

會不會只是周遭的人製造出來的幻想？

其他還有許多讓人迷失自我的「形象」——像個高年級生，像個國中生，像個男人，像個女人，像個哥哥，像個優等生……

我們身邊有好多、好多的「形象」，而且**這些「形象」一定會伴隨著「應該」兩個字**。應該像個高年級生，應該像個國中生，應該像個男人，應該像個女人，應該像個哥哥擔起責任，應該像個優等生努力讀書……

的確，我們有時候也需要依從社會所期望的「形象」，但若想找到「真正的自己」，首先就要捨棄糾纏在我們周圍的「形象」。

當我們解除「形象」施加的咒語後，才能初次看見真正的「自己」。

當然，這項工程一點也不簡單。但是，我們仍然要持續地尋找「自我」，這也是在尋找專屬於自己的「區位」。

自我的樣子就在記憶裡

每個人剛出生時，都是赤身裸體。

然而，周遭的人會給剛出生的寶寶穿上很多衣服，這就是「形象」。

每個嬰兒都要參照兒童生長曲線圖給出的平均值，來比較是高於、還是低於平均值，是比其他孩子發育得早、還是晚，隨時都在比比比。

接著，每個孩子會再被賦予「像個哥哥」、「像個大孩子」的「形象」，要是被貼上「這個孩子很〇〇」的標籤，這個「形象」就變成了「你」。

你被迫穿上了很多稱為「形象」的衣服，它們就像盔甲般緊緊束縛著你，讓你無法動彈。

自我是什麼？

像你自己又是什麼樣子？

找到這些答案的契機，或許就在你尚未套上那麼多「形象」的過往時光裡。

小時候，你曾經喜歡過什麼？什麼事讓你開心？你又對什麼感興趣呢？

你最快樂的回憶是什麼？印象最深刻的事又是什麼？

為了找到自我，試著捨棄「形象」是很重要的。

除此之外，為了找到成為第一的區位，更要捨棄所有的「應該」。

不照圖鑑生長也無妨

我被雜草這種植物深深吸引著。

可能有人喜歡「雜草精神」這個說法，或是想為被說成「雜草軍團」的球隊加油鼓勵。明明一點也不厲害，卻非常努力，或許這就是雜草給人的印象。

但是，我喜歡雜草的理由卻有點不一樣。

雜草不會照著圖鑑生長，這是它最大的魅力。

圖鑑裡明明寫著春天開花，卻偏偏到了秋天才開花；明明寫著高度大約三〇公分，卻長到一公尺以上；才剛以為這種高度是對的，卻又長到五公分就開花，跟圖鑑說的完全不同。

對人類來說，圖鑑裡寫的都是正確的，「基本上是這樣」、「這是平均狀態」等……也就是說，裡面都是「應該如何如何」的內容。

不過，圖鑑是人類擅自製造的產物，其中所寫的內容，或許都只是人類自以為是的意見。

對植物來說，它們沒有理由一定得照圖鑑記錄的方式生長。

雜草從來不管圖鑑寫什麼，總是恣意地生長、自由地開花。

對我這個研究植物的人來說，跟圖鑑寫的不一樣會造成很多麻煩，讓我非常頭痛。但是，看到雜草完全不理會人類任意決定的規則和「應該如何」的幻想，只是自由奔放地生長，又讓我覺得好痛快，甚至有點羨慕。

為什麼雜草完全不照圖鑑生長呢？

這個謎題，我們等到第八堂課再來解開吧！

第六堂課

什麼是「勝利」？

勝利者不需要改變戰略，
失敗者則要重新思考戰略，進而做出改變，
所以許多劃時代的演化變遷，往往都是由失敗者造就的。
失敗能有效地促進改變，
但如果遭受的損害太大，也可能無法恢復。
所以，要敏銳地認清自己的贏面和劣勢，
一旦發現輸的可能性更大，就乾脆認輸。
反覆進行小型的挑戰、承受小規模的失敗，或許才是最重要的。

✻ 繽紛的花朵是美麗的勳章

就像106頁說過的，自然界的生物必須要成為第一才能活下去。

如果是人類的世界，就算沒有第一的金牌，也還有銀牌或銅牌，自然界還真是嚴苛啊！

不過，真的是這樣嗎？

江戶時代的俳人松尾芭蕉寫過一首這樣的俳句——

秋草多模樣，花亦多繽紛，美之勳章。

明明是「只有第一才能活下去」的自然界，卻綻放著許多花，而且形形色色、五彩繽紛。如果這些花草都在相互競爭第一，就不會有這麼多花同時綻放了，因為只有勝利的花會倖存盛開，失敗的花只能枯萎死去。

現實卻不是如此，有許多的花在綻放著。

松尾芭蕉認為「繽紛的花朵是美麗的勳章」。
那是每朵花努力奮鬥過的證明。
沒錯，成為第一的方法多不勝數，不用跟鄰近的花競爭，也能成為第一。
有許多的花同時盛開，代表每朵花都不需要在同一個領域裡競爭。
對於花朵們來說，成為第一不需競爭，也無關勝負。

只有人類喜歡拚輸贏

儘管如此，人類還是喜歡拚輸贏。
就像58頁提過的，人類的大腦最喜歡區分和比較，而這樣的大腦最容易理解的字眼就是「贏」和「輸」。

勝利組、失敗組，人類的大腦對於輸贏極為執著。

這是因為人類的大腦擅長排列比較，輸贏對它們來說是世上最好懂、也最讓它們愉悅的指標。

於是，當人類找不到決勝負的對象時，就自行製造出「平均值」這個幻想，用它來比較成績好壞、收入高低，一個勁兒較量輸贏。

但是，究竟什麼才是「勝利」呢？

只要「高於平均值」就是勝利了嗎？這其中有任何意義嗎？

提到「美好的生活」，大家心中會浮出什麼想像呢？

或許是全身穿戴眾人羨慕的名牌精品，有高級轎車代步，居住在大邸豪宅，過著隨心所欲的自由生活吧！

那麼，提到「幸福的生活」，大家又會想起什麼呢？

是被家人及朋友包圍，每天過得無憂無慮、自在愜意嗎？

幸福沒有輸贏，也沒有平均值可言。
只要你過得開心滿足，不就足夠了嗎？

✽受限的賽場無法發揮實力

所有的生物都占據著某個「唯一的第一」，充分發揮不輸給任何生物的獨特專長，以確保自己的地位。

自然界的競爭雖然激烈，但生物們都會盡可能發展出「不戰」的戰略。只要確保自己占據了「唯一的第一」，就不需要持續爭戰。

話雖如此，生活在現代社會的我們，時刻都處在競爭當中。

運動會要競爭排名，學校成績也會列出名次，人類無法像其他生物那樣貫徹

「不戰」的戰略，我們躲避不了競爭。

不過，在其他生物的世界，只要競爭輸了就會滅亡，所以非常嚴苛；而我們的人類社會雖然競爭激烈，即使輸了也不會就此失去性命。

如同之前提過的，人類的大腦需要設置一定的標準，排好順序、做出比較，否則便無法理解，也因為如此，人類世界的競爭永遠不會消失。

即使內心「不想戰鬥」，大家還是經常被迫站上競爭及戰鬥的舞台，實在別無他法；我們必須在場上努力奮戰，也是莫可奈何。

但重要的是，競爭並不是一切。

即便在競爭中輸了，也完全無損你的價值；就算戰敗了，也不代表你就比較低下。只是那個舞台無法讓你發揮能力，限制了你的表現而已。

如果競爭讓自己太痛苦，可以直接下台放棄比賽，就算逃走也沒關係。

大家還記得第四堂課所說的「區位」嗎？

「區位」是能讓自己成為「唯一的第一」的專屬位置。在受到他人主導的賽場上，往往很難找出對自己有利的「區位」，所以競爭的地點更重要。

如果能在自己的「區位」決勝負，其他所有地方都輸了也沒關係。

「輸」過才會知道的事

古代的中國思想家孫子曾說：「不戰而屈人之兵。」

不只是孫子，歷史上的許多偉人追求的都是「不戰」的戰略。

偉人們是如何達到這樣的境地呢？

或許是因為他們打了很多仗，而且，也輸了很多仗。

有勝利者就有失敗者，失敗者會遭到沉重的打擊，糾結著為什麼輸了，反省要如何才能贏。他們會承受創傷、十分痛苦，經歷這樣的過程，最終才能找到屬於自己的「唯一的第一」，從中領悟出「不戰」的戰略。

生物的基本戰略也是「不戰」。

自然界遍處可見激烈的生存競爭，在演化的過程中，生物們要不斷地拚鬥、廝殺，才能在演化史上占據屬於自己的「唯一的第一」，進而達到「能不戰就不戰」的境界與地位。

為了找到屬於自己的「唯一的第一」，年輕的你們可以盡量去戰鬥，就算輸了也沒關係。

只有經歷過各種挑戰，才會知道有多少戰場對自己不利，在這些地方自己無法成為「唯一的第一」，然後再慢慢縮小範圍，找到最適合的地方成為第一。

為了找到屬於自己的「唯一的第一」，就要不怕去「輸」。

我們在學校裡會學習很多課程，有擅長的、也有不拿手的。擅長的科目裡，可能有不拿手的單元；不拿手的科目裡，也不見得都窮於應付，當中可能也有擅長的單元。我們之所以要在學校裡學習各種事物，就是為了進行更多的挑戰。

✻別太快斷定自己不擅長

當然，不需要刻意在自己不擅長的地方決勝負，要是不喜歡，逃走也沒關係。不過，年輕的你們有著無限的可能性，先不要輕易就判斷自己做不來。

企鵝不擅長在陸地上行走，但一到水裡就會像魚自在悠游。海豹及河馬在陸地上也給人緩慢遲鈍的印象，但在水中就立刻生龍活虎。牠們的祖先在還沒有演化、仍然生活在陸地上時，恐怕從來沒想過自己居然擅長在水中游泳，也沒想過自己更適合水中生活吧！

松鼠能迅速地爬上樹木，而松鼠的遠親飛鼠，爬樹技巧就比松鼠差多了，總是慢吞吞地爬著。但是，飛鼠卻有一項在林間滑翔的絕技，如果牠們當初直接放棄爬樹，就不會發現自己可以在空中滑翔。

人類也是一樣。在足球運動中有一種基礎練習叫做「顛球」，需要用腳控制不讓球落地，即使是職業選手，也有人不擅長這個動作。如果只因為不擅長顛球就放棄足球，可能就永遠不知道自己最厲害的是強大的射門能力了。

小學的數學以計算問題為主，國、高中的數學則是困難但有趣的解謎問題。進入大學後，數學的學習變得更抽象，開始用數字去表現現實中彷彿不存在的世界，完全就是哲學的領域。如果只因為不喜歡計算問題，就斷定自己「不擅長」數學，或許就沒有機會發現數學真正有趣的一面。

讀書時找到自己的專長很重要，**不必勉強去提升弱項，最後只要用專長決勝負就好。不過在尋找專長時，別太快就斷定自己對什麼不拿手，這一點很重要。**

大家還記得第一堂課提到的蒼耳嗎？

蒼耳無法簡單地判斷早發芽好、還是晚發芽好，所以它怎麼做呢？

沒錯，它選擇兩邊都要。

輕率地斷定自己擅長什麼、不擅長什麼，實在是太可惜了。像雜草這樣，即使不擅長也不輕易放棄，而是保留做為額外的選項，也是很重要的事。

✽演化的原動力來自失敗者

勝利者不需要改變戰略，畢竟當前的戰略造就了勝利，不做任何更動自然最有利。失敗者則要重新思考戰略、花費更多心力，所以失敗的下一步就是「思考」，進而做出「改變」。

持續不斷的失敗，就代表持續不斷的改變，生物的演化也是如此，許多劃時代的變化，經常都是失敗者造就的。

在古代的海洋世界，魚類之間的生存競爭極為激烈，失敗者只能逃到沒有其他魚類的河川求生。

河川裡沒有其他魚類自然有其原因——對於在海中演化的魚類來說，河川的鹽分濃度太低不適於生存。然而，失敗者硬是克服了這個逆境，演化成能在河川裡生活的淡水魚。

只不過，當河川裡生活的魚類越來越多，生存競爭也開始變得激烈，輸掉的失敗者又被追趕到只有淺淺一層水的淺灘，演化再度發生。

這些失敗者最終登上了陸地，演化成兩棲類。

想像一下各種水中生物撐著笨重的身體，四肢並用地努力往陸上攀爬，這幅景象真是洋溢著挑戰未知領域的昂揚鬥志。

登上陸地，變成兩棲類

只不過，這些最早登陸的兩棲類絕非滿懷勇氣的威風英雄。牠們遭受追趕、傷痕累累，又在競爭中不斷慘敗，為了找到屬於自己的「唯一的第一」，只能踏上未知的土地。

當時代來到恐龍稱霸的時期，弱小的生物為了不讓恐龍發現行蹤，將主要的活動時間轉移到黑暗的夜晚；在此同時，為了逃離恐龍的獵殺，牠們的聽覺、嗅覺等感官和掌理這一切的大腦也變得更加發達，因而獲得敏捷的運動能力。

接著，為了安全地繁衍後代，牠們不再產卵，而是改為胎生，最後成為地球上繁盛發展的哺乳類。

人類的祖先，當初就是被趕出森林，只好棲息在草原的古猿類。牠們心驚膽顫地生活在肉食動物環伺的環境中，逐漸演化成直立二足行走，為了求生更發展出智能，還學會製作工具。

回顧生命的歷史，所有造成演化的生物們，經常是被追趕、受迫害的弱者，也就是失敗者。如今被認為立於演化頂端的人類，就是由失敗者中的失敗者，透過持續的演化改變而成。

只要觀察生命的歷程，就會發現演化的原動力，往往都是失敗者為了尋找自己的「區位」所進行的挑戰。

✽承受還有下一次機會的敗果

在生物的世界裡，只有第一才能活下去。有許多生物在激烈的競爭、衝突中慘敗，最後就這樣消失在歷史長河中。

幸好，在我們生活的現代人類社會，競爭再怎麼激烈都不至於如此嚴苛，即使輸了也不會失去生命或就此滅絕，所以人類才能大膽地進行各種挑戰吧！

生物世界的情況則完全不同，一旦失敗就會賠上性命、甚至直接滅絕。所有存活至今的生物，即使在競爭中失敗過，也應該都沒有受到致命的打擊。

失敗能有效地促進改變，但並不代表輸就是好事。如果遭受的損害太大，很可能會受傷過重，再也無法振作、恢復。

所以，要敏銳地認清自己的贏面和劣勢，一旦發現輸的可能性更大，就乾脆認輸。反覆進行小型的挑戰、承受小規模的失敗，或許才是最重要的。

自然界的動物們不會主動開戰，因為只要戰敗就代表滅亡。
但是，牠們會不斷進行小型的挑戰，然後反覆獲得小規模的勝利，承受還有下一次機會的敗果，藉此尋找自己的區位。

感謝祖先的相遇

大家都是爸爸媽媽的孩子，如果大家的爸爸媽媽沒有相遇，你們就不會誕生在這個世界上了。
男人和女人各自走在自己的人生道路上，所有的相遇都是偶然的緣分。因此，大家的出生可以說是一種奇蹟。
大家的爸爸媽媽，也有自己的爸爸媽媽，就是大家的爺爺奶奶。如果他們沒有偶然地相遇，大家的爸爸媽媽也不會出現在這個世上，當然更不可能生下你們。

爺爺奶奶也有自己的爸爸媽媽。

曾祖父、曾祖母也有自己的爸爸媽媽。

只要當中少了任何一次相遇，大家就不會誕生在這世上。每個人的誕生，都是經歷了無數次的偶然，所以大家如今身在此處，已經是難得的奇蹟。

大家曾經思考過自己的祖先是怎麼來的嗎？

自己這個奇蹟般的存在，是基於祖先們之前的存在，如果大家思考過自己的祖先從何而來，最終連結到現今的自己身上，就會發現自己是多麼地不可取代。這一點從下頁的「偶然的金字塔」這張圖就可以看出來。

還不只是這樣。

人類的祖先曾經是猿猴，猿猴是如何歷經演化而誕生人類，目前仍在研究當中，但是大家的猿猴祖先也有父母，這對父母也有雙親。從猿猴再往前回溯，人類

偶然的金字塔

的祖先是小型的哺乳類；再往前，是剛剛上陸的兩棲類；繼續往前，則是逃難到淡水河的魚類。

在長達數億年的生命繁衍中，如果當時的雄性與雌性生物沒有相遇留下子孫，你就不會誕生。這項歷經數億年的生命接力賽，只要出了一點差錯，這個世上就不會有你出現了。

你從祖先繼承而來的ＤＮＡ，如今就存在你的身體裡。那些ＤＮＡ，也可以說是屢敗屢戰、不斷尋找棲身之地，所有失敗者的ＤＮＡ。

第七堂課

什麼是「強大」？

自然界實在有意思的地方，

就是體型較大或擅長競爭的強者，不一定會勝出。

強大的體型需要很多能量才能維持，

同時也很顯眼，常會被敵人盯上，必須不停地爭戰；

較小的體型很快就能逃走，或是躲藏在隱蔽處。

所以，大的體型很強大，小的體型同樣也很強大，

強大其實有很多形式，無法簡單地加以定義。

「弱小」才是生存的條件？

在第六堂課，我們學習了什麼是勝利和失敗。

或許大家在內心裡都是「只想贏不想輸」，討厭弱小、希望變得強大。

那麼，大家曾經發現過自己身上的弱點嗎？是否曾討厭弱小的自己呢？

如果是的話，那就太好了。

看看大自然就知道，所有「弱小的生物」都很繁盛發展，簡直像在說「弱小」才是成功的條件。

你或許會想，這怎麼可能？自然界是「弱肉強食」的世界，給人的印象就是強者才能存活，弱者只會漸漸滅亡。

不過，自然界實在有意思的地方，就是強者不一定能存活下來。

提到強大的生物，大家會想到什麼動物呢？

可能是萬獸之王獅子或兇猛的老虎，當然狼和北極熊在力量上也不遑多讓。體型巨大的大象或犀牛看起來很強，在空中翱翔的老鷹及禿鷹也具有王者風範。

但是，這些生物目前都面臨滅絕的危機。強大的猛獸以弱小的生物為食，假設每頭猛獸大約會吃一百隻老鼠，只要老鼠減少了五十隻，猛獸就會因為食物短缺而死。但是，老鼠即使死了五十隻，也還有五十隻存活著。這些看似強大的生物會瀕臨滅絕，可以說是因為牠們必須仰賴弱小的生物才能活下去。

雜草是很強，還是很弱？

「雜草很強。」不知道大家是否有這種印象？

但是，所有的植物學教科書都沒有寫過雜草很強，甚至還會特意強調「雜草是弱小的植物」。

不過，在我們身邊生長的雜草，怎麼看似乎都很強。如果它們很弱小，又怎麼會在我們身邊到處蔓延？

身為弱小植物的雜草，為何會表現得如此強勢？看來其中應該隱含著「什麼才是強大」的思考啟示，我們就先來探究這個秘密吧！

之所以說「雜草很弱」，是因為它們「在競爭中很弱」。

自然界進行著激烈的生存競爭，「弱肉強食、適者生存」是嚴苛的法則，在植物的世界自然也是一樣。

植物需要搶奪日照，比拚誰能長到更高的位置，再伸展枝葉相互遮擋陽光。一旦在這場競爭中失敗，就只能活在其他植物的陰影之下，最終枯萎死亡。

而被稱為雜草的植物，在這種生存競爭中是很弱小的。

在菜園之類的地方，雜草看來似乎比蔬菜更有競爭力。的確，經過人類改良的蔬菜若少了人類的幫助，基本上很難順利生長，比起這些脆弱的蔬菜，怎麼拔都拔不完的雜草或許更有競爭優勢。

但事實上，在自然界裡生長的野生植物並沒有那麼弱小，相較起來，雜草的競爭力只能說是小巫見大巫。看似隨處生長的雜草，在無數植物激烈廝殺的森林中，根本毫無生路。

豐饒的森林土地是極適合植物生存的環境，但同時也是競爭激烈的戰場，因此在競爭中處於弱勢的雜草，很難在森林深處存活。

當然，可能有人在森林中見過雜草，但那裡多半不是未經開發的原始森林，而是登山小徑或露營場等人類在森林中建造出來的環境。只有在這種地方，雜草才有機會生長，之所以如此，是因為雜草擁有某種強大的優勢。

強大其實有各種形式

在不強大就無法存活的自然界，身為弱小植物的雜草竟然隨處可見。

這是為什麼呢？

所謂的強大，並非只是在競爭中強大。英國生態學家菲利普・葛萊姆（J. Philip Grime）曾經說過，**植物要成功生存，仰賴的是三種優勢**。

第一，**是強大的競爭能力**。

植物需要陽光進行光合作用，所以它們首先必須爭奪的就是日照。越是生長快速、長得高大的植物，越能獨占更多陽光，被擋在這株植物底下，就得不到充足的日照。對植物來說，在陽光的爭奪上獲勝，是生存的重要條件。

但是，在這項競爭中具有優勢的植物，不見得就一定勝出，也有很多地點讓它們無法發揮強項，例如缺水、寒冷等嚴酷的環境。

第二，是耐受環境迫害的能力。

比方說，仙人掌在沒有水的沙漠也不會枯死，生長在雪峰的高山植物能夠耐受冰雪等。不輸給嚴苛的環境而艱苦求生，也是一種「強大」。

第三，是克服環境變化的能力。

即使不斷遭遇各種危機，還是能一一克服，這是第三種能力的優勢。

實際上，雜草的強大就在於這一點。大家可以回想一下，雜草生長的地方往往歷經了多次除草、割草、踩踏及翻土，人類為它們生存的環境帶來了各式各樣的變化，但雜草還是持續熬過了難關，真的非常強大。

其實，地球上的植物並非只根據這三項優勢來各別分類，而是所有的植物都擁有這三項優勢，再加以協調、組合，發展出自己的戰略。

對植物來說，不是只有在競爭中勝出才代表強大。「強大」其實有很多形式，無法簡單地加以定義。

↓強者不一定會勝出

自然界是弱肉強食的世界，但是擅長競爭或戰鬥的強者不一定會勝出，這也是自然界的有趣之處。

競爭或戰鬥時，強大的體型會更有利；但實際上也有很多時候，較小的體型反而帶來更多好處。**強大的體型需要很多能量才能維持，同時也很顯眼，經常會被敵人盯上，必須不停地爭戰。較小的體型很快就能逃走，或是躲藏在隱蔽處。所以，大的體型很強大，小的體型同樣也很強大。**

還有其他的例子。獵豹是世界上跑得最快的動物，據說時速超過一〇〇公里，而瞪羚做為獵豹的獵物，奔跑的時速只有七〇公里，怎麼看都不可能逃過捕殺。

但是，即使速度上有著壓倒性的差距，獵豹還是有一半的機率會捕殺失敗。也就是說，瞪羚會從奔跑時速一〇〇公里的獵豹爪下逃過一劫。

一旦被獵豹盯上，瞪羚就會巧妙地利用Z字型的移動方式跳躍奔逃，在某些情況下還會快速轉彎以切換方向。當然，這種複雜的跑法也會使瞪羚難以發揮原本最快的速度，但既然直線奔跑是獵豹的速度更快，瞪羚就改用獵豹做不到的跑法，贏過了對方。

弱小的人類如何存活到現在？

在自然界中，有許多不擅長競爭或戰鬥的生物，透過發揮其他的優勢，獲得了自己的區位。實際上，人類也是其中之一。

人類在生物學上，是一種學名稱為「智人」（*Homo sapiens*）的生物。

根據推論，人類的祖先應該是失去森林據地，被趕到草原地帶的古猿類。牠們沒有能力跟肉食動物打鬥，也不像斑馬能快速奔跑，所以弱小的人類後來才會發展智能、製作工具去對抗其他動物。

智能的發展，是人類的優勢之一。所以，人類絕對不能停止思考。

但是，還不只如此。

其實發展出智能的不只有我們智人。回溯人類的演化史，還出現過智人以外的另一種人類，那就是尼安德塔人（*Homo neanderthalensis*）。

尼安德塔人比智人更高大、擁有強健的體格，據說智能也更優越。而智人無論體型和力量都比尼安德塔人弱小，腦容量也略遜一籌，智能更為低下。

但是，最後存活下來的卻是智人。

為什麼我們智人最終存活了下來？尼安德塔人又為何滅絕了呢？

在當時，智人是力量弱小的存在，所以就像之前說過的發展出「互助合作」的能力，相互補足欠缺、共同生活，因為不這麼做就無法生存。

活在現代的我們，對他人有所幫助時，內心也會感到滿足；當我們告訴陌生人路要怎麼走，或是在捷運及公車上讓座時，聽見別人向自己道謝，都會產生既害羞又開心的情緒，這就是當初智人為了生存，所獲得並發揚光大的能力。

相形之下，能力優秀的尼安德塔人，即使不過團體生活也能活下去，但要是環境起了變化，他們顯然就會陷入沒有同伴相助的困境，而無法克服生存的難關。

第八堂課

什麼是「重要的事」？

雜草被踩踏之後，並不會重新站起來。

對植物來說，最重要的就是開花結籽，

要是被踩踏還一直重新站起來，就會白白消耗能量，

還不如躺平了努力開花更重要。

當然，雜草也不是就躺著任人踩踏，

它會試著橫向發展、縮短草莖，

或者把根扎得更深，設法完成繁衍生息的使命。

「即使不斷被踩踏，也不忘初心」，這才是真正的雜草精神。

雜草就算被踩踏……

「雜草就算被踩踏～～」

我們經常聽到這樣的說法：「雜草就算被踩踏，也會＿＿＿＿。」

大家會在這個空格裡填進什麼呢？

或許，你會想到「重新站起來」。

「就算一直被踩踏也會重新站起來」，這就是雜草給人的印象吧。

不過，這是錯誤的。

其實，雜草被踩踏之後並不會重新站起來。

「雜草就算被踩踏也不會重新站起來」，才是真正的雜草精神。

的確，如果只是被踩過一次，雜草可能還會站起來。

但是，如果不斷地遭到踩踏，雜草就會直接躺平了。

怎麼感覺有點沒用啊！有人或許會這麼想，甚至可能有人「原本還想效法雜草堅忍不拔的精神」，結果懊惱又失望。

然而，事情不是這樣的。

雜草厲害的地方，就是「被踩踏之後選擇不再站起來」這一點。

為什麼一定要重新站起來？

雜草被踩踏之後不會重新站起來。

為什麼它不站起來呢？

我們試著改變一下思考角度吧。

說到底，為什麼被踩踏之後，一定要重新站起來呢？

對植物來說，最重要的事是什麼？

當然是開花，然後留下種子。

若是這樣，不斷被踩踏還一直重新站起來，就會白白消耗掉很多能量。與其把能量花在這種不必要的地方，還不如躺平了努力開花更重要。畢竟，要在一直被踩踏的狀況下留住種子，勢必得付出相當的能量。

所以，雜草不會做「不斷被踩踏還一直站起來」這種徒勞無功的事。

當雜草生長在會被不斷踩踏的地方，最重要的不是再站起來，而是開花結籽。會覺得非要站起來不可，只是人類自以為是的成見。

當然，雜草也不是就躺在那裡任人踩踏。

即使不能往上生長，雜草也絕不會就此放棄。它會試著橫向發展、縮短草莖，或者把地面下的根扎得更深，設法開花結籽。是不是能重新站起來，對它來說根本無關緊要。

雜草沒有一刻忘記自己最重要的任務是什麼，也絕不會放棄這個使命。所以不管怎麼被踩踏，它都一定會努力開花、留下種子。

「即使不斷被踩踏，也不忘初心」，這才是真正的雜草精神。

不是只有往上生長才是成長

檢測植物成長的方法，有「高度」和「長度」。

這兩者聽起來很像，其實意義不同。

高度是「從根部算起的植物高度」，長度則是「從根部算起的植物長度」。

嗯？聽起來幾乎一樣啊？大家可能會這麼想，但還是不一樣。

如果是自然往上生長的狀態，植物的高度就等同於長度。

但如果是被踩踏而橫向發展的雜草呢？因為它往橫向生長，即使長度再長，還是沒有向上生長，因此高度為零。

看到牽牛花攀爬到二樓會開心，想著差不多該修剪了，人類總是用「高度」去測量植物的成長，因為這是最簡單的方法。

然而，不是只有往上生長才是成長。

大家可以看看身邊的雜草，它們都是低垂莖葉貼近地面，不會直直往上生長。

人類只會用「高度」評判植物

無論是橫向發展、斜向生長或是歪七扭八，雜草的生長方式各有特色。過於複雜的成長方法很難進行測量，所以人類最終也只能用「高度」去評判植物。人類只有完全筆直的尺，因此只能測量筆直的高度。

「用高度做評判」，對人類來說大概就是用成績或學力檢測值等指標來評分。「高度」是重要的尺度，用以檢測當然沒問題。優秀的成績總比糟糕的成績好，成績好的人應該受到讚賞。

但是，**也就僅此而已，這只是用唯一的標準測量出來的唯一尺度。**

更重要的是，明白人類只有「高度」這個唯一的標準可以測量植物的成長。

如同雜草的成長，當我們思考「什麼是重要的事？」，就會知道「高度」並不是一切。

筆直的尺無法測量出所有的成長，真正重要的事物，或許也是無法用尺度測量出來的。

在踩踏中好好活著

在人來人往的馬路間隙，經常可以看到雜草的身影。

有的雜草橫向伸展，有的雜草縮小莖葉、放棄長大。看到這樣的雜草，常會讓人有點心酸，只能貼著地面生長的雜草似乎好悲慘，但真是這樣嗎？

的確，比起其他朝著天空高高伸展的植物，常被踩踏的雜草感覺總是長不大。其他植物都恣意地不斷往上生長，長在被踩踏之地的雜草，就這樣直接放棄長高沒問題嗎？

植物之所以努力向上生長，自有它的道理。

就像之前說過的，植物成長時需要日照進行光合作用，為了沐浴在陽光裡，就要長到比其他植物更高的位置。如果長得比其他植物低，只能在它們的陰影下進行光合作用，為了更有效地進行光合作用，至少要比其他植物長得高一點。

對於追尋陽光的植物來說，它們其實並不在乎「自己能長到多高」的「絕對高度」。為了獲得日照，它們更重視的是「比其他植物高」的「相對高度」，所以才會不斷向上伸展枝葉，努力超越其他植物。

植物們用這種方式展開激烈的競爭，而長在被踩踏之地的雜草，真的不需要參加這項競爭嗎？

沒錯，不需要。

像這種經常被踩踏的地方，追求向上生長的植物是無法生存的，因為只要一往上長就會被踩斷。

正因為如此，那些高度為零而橫向發展、或是細小纖弱的雜草，才能盡情地伸展莖葉，充分沐浴在陽光底下。像雜草這樣獨占陽光的植物，在其他地方是十分罕見的。

同時擁有堅硬和柔軟

經常被踩踏的地方有一種代表性的雜草，那就是車前草。

車前草的特徵是葉片很大，外觀看起來很柔軟，其中卻長著強韌的纖維，所以不管怎麼被踩踏，葉片都不容易破裂。如果只是柔軟會輕易裂開，車前草的葉子則是柔軟中帶著強韌，可以說是柔中帶剛。

車前草的莖跟葉子恰好相反，外側包覆著堅硬的皮，內部有海綿狀的軟髓。要是只有堅硬，一承受強大的外力就會折斷；如果光是柔軟，又很容易破裂。由於堅硬中帶著柔軟，才讓車前葉的莖變得頑強、柔韌而不易斷裂。

有句成語說「柔能克剛」，通常是指柔和（柔軟）的力量要比剛強（堅硬）更強大，其實真正的意義並非如此。據說「柔能克剛」的原意是要表明——

「柔與剛都各有強大之處，學會兩者並用才更重要。」

大多數生長在被踩踏之地的雜草，都同時具備堅硬與柔軟的構造。單單只有堅硬或柔軟，無法讓它們承受無數次的踩踏，剛中帶柔、柔中帶剛，才是在踩踏中生存的雜草之所以強大的秘密。

不過，車前草厲害的地方還不只如此。

將逆境轉為順境的最佳代表

生長在被踩踏之地的雜草，遭到踩踏時會很痛苦嗎？

讓我們來看看車前草的例子。

植物通常是像蒲公英那樣透過棉絮狀的物質讓種子飛散，或是像蒼耳及鬼針草附著在動物身上，將種子散布到更遠的地方。

那車前草是怎麼做的呢？

車前草的種子碰到水會產生果凍狀的黏液，很容易黏在人類的鞋底或動物的腳部，而種子就是透過這個方式被帶走，有時被車子輾過也會順便黏在輪胎上，一起前往遠方。

這麼看來，車前草根本不在乎自己被踩踏，也不需要去克服。甚至要是沒被踩踏，還會對車前草造成困擾，它等於是把「被踩踏」這件事給物盡其用了。路邊的每株車前草應該都打從心底希望被踩踏，它們是將逆境轉為順境的最佳代表。

將逆境轉為順境，聽起來像是所謂的正面思考，也就是「將壞事當成好事」的積極思維。用正面的角度去看待負面的事物，確實很重要，然而，不只是想法的轉換，雜草用更合理、更具體的方式，為我們實際展現了將逆境轉為順境的過程。

想往哪裡生長，是生命的自由

被踩踏的雜草不會重新站起。

被踩踏的雜草不會往上生長。

基本上，為什麼一定要重新站起？

說到底，為什麼必須要往上生長？

被踩踏的雜草告訴我們——

如果只知道往上生長，一被踩踏就會輕易折斷。

就算被踩踏也無所謂。

想要往哪裡生長，是生命的自由，橫向伸展又有什麼關係。

就算完全不伸展又何妨。

當雜草不能往上長高，也不能橫向伸展時，你覺得雜草會怎麼生長呢？

沒錯。

它們會往下生長，深深地把根扎進土裡。

雖然外表看起來沒有成長，其實底下已經伸出了深長的根系，只是看不見。

根是支撐植物、吸取水分及養分的重要部位。人類會使用「根性」來形容堅韌的意志，代表我們其實也知道根有多麼重要。

從前的人們常覺得不可思議，自己這麼努力地施肥澆水，蔬菜及農作物還是在夏天的烈陽照射下枯死了；雜草明明沒有人澆水，卻仍然長得鬱鬱蔥蔥。

有人澆水的農作物和無人澆水的雜草，根系的生長方式完全不同。

痛苦的時候、需要忍耐的時候，雜草就會靜靜地向下紮根。

那些看不見的根，在遇到強烈的日照時，就會真正發揮力量。

第九堂課

什麼是「活著」？

雜草是看著哪裡活下去的呢？

雖然生長方式各有不同，

但每株雜草都向著太陽伸展莖葉。

人類是看著前方生活，雜草則望著上方生長，

請像雜草那樣仰望天空吧！

太陽正散發光芒，天空一片澄藍，還飄著朵朵白雲，

那就是雜草眼中的風景。

當我們望向太陽，感覺到腳底湧出滿滿的力量，

那或許正是雜草感受到的「生命力」。

樹木和野草，哪一邊是進化形？

「木」是一種會長成大樹的植物。

「草」是一種在路邊綻放小小花朵的植物。

植物可以分類為長成樹的「木本植物」和生為草的「草本植物」。

木本植物和草本植物，哪一邊才是真正的進化形呢？

發展出樹幹和茂盛枝葉的樹，構造比較複雜，感覺似乎更為進化，事實上卻並非如此。草才是進化的那一方。

這是怎麼一回事？

樹可以活上幾十年到幾百年，更長壽的甚至活到千年以上，長成參天巨樹。

相對地，草最長也只能活幾年，短的在一年內就會枯萎。

原本能活過一千年的長生植物，想盡辦法演化之後，壽命竟然變短了。

所有的生物都不想死，希望越長壽越好，要是能活到一千年，應該誰都想好好活到那時候吧！既然如此，為什麼植物偏偏選擇演化出更短的壽命呢？

從遠程馬拉松到短距接力賽

一個人很難跑完長距離的馬拉松，如果還是需要通過高山或河谷的障礙賽，想平安到達終點就更不容易了。

那麼，如果只需要跑五〇公尺呢？那就能全速前進了吧！即使路上或許會遇到一些障礙，但終點就近在眼前，不管怎樣應該都能設法抵達。

某個電視節目曾有過一項企劃，讓參加奧運的馬拉松選手和跑短距離接力賽的小學生進行對決。即便是知名的馬拉松選手，也敵不過從頭到尾都全速奔跑的小學生，最後大多是小朋友獲勝。

植物也是一樣。一棵樹要活過一千年並不是那麼容易，中途一旦遭遇意外或災害，很可能就會枯死。

那麼，只能活一年的植物呢？壽終正寢的可能性就很高了吧！

所以，植物特意縮短了自己的壽命。它們選擇了五〇公尺接力賽的方式，不斷交棒給下一代，以此維繫族群的生命。

為了延續永恆，才創造出有限

所有的生命都會老死。再怎麼不想死，最後還是得面對死亡。

不只是人類，所有的生物，包括動物、植物，最後都會死。就像汽車或電器會老舊，只要上了年紀，身體就會開始衰老，任誰都無可奈何。

不過仔細想想，人體的細胞經常汰舊換新，死去的肌膚細胞會變成老化角質，然後再生新的細胞。我們的身體每天都在重生，由新生的細胞重組一切，所以每個人應該都如同嬰兒般，擁有緊緻柔嫩的肌膚。

但是，人體卻不可能永遠保有嬰兒般的肌膚，因為我們的身體就是被設計成會隨著年齡老化，最後自然走向死亡的形式。

構造簡單的單細胞生物沒有壽命。它們藉由細胞分裂繁殖，這個過程會不斷反覆，讓它們不會死亡，甚至可能永生。

但是，演化型態複雜的生物，最後卻會死亡。

俗話說：「生者必滅，盛者必衰。」世上沒有什麼是永恆的，生物也不會長生不死。即使能活上幾千年，期間也會遭遇各種意外或災害。

環境也會產生變化，老舊的事物很可能無法適應新的時代。

所以，**生命會淘汰老舊事物，再創造新的東西做為接續。也就是說，年老的生命會死去，由新的生命繼承下一個世代。**

即使父母與孩子很相似，仍然是完全不同的存在，新的生命不斷被創造出來。父母傳給孩子，孩子再傳給孫子，生命就這樣一直延續。

年老衰弱的個體最後會死去，但是，即便生命走到盡頭，還有下個世代會繼承自己的生命。

生命會永遠延續下去。

為了延續永恆的生命，才創造出有限的生命。

為了交棒給下一個世代，生命會在自己負責的賽段中不斷奔跑。所有的生物為了在有限的生命中完成任務，都會全心盡力地活下去。

沒有一個生物不想活下去

雜草運用了各種智慧及手段，讓自己得以在嚴苛的環境下存活。不，應該說所有生物為了活命，都是使盡混身解數。

曾經有人問我：「雜草也太強大了吧！明明沒有大腦，是怎麼想出這些生存方法的？」

就算不用思考，生命還是可以活下去。

人有五根手指，這五根手指具備的機能並不是你思考出來的。就像你從來沒想過要有幾隻眼睛比較好，你的眼睛自然就是兩隻。

這些都不是經由思考得來的。

小嬰兒沒有人教也知道怎麼吸奶；不必誰鼓勵，終究能用自己的腳站起來；而且無論失敗幾次，都會開始挑戰走路。這些都不需要他咬緊牙關苦撐，也不需要他付出血與汗的努力。

小嬰兒最後會長成孩子，孩子會長成大人，大人歷經歲月會變成老人。

這當中沒有特別的意義，也不需要任何努力。

所謂的活著，就只是這麼一回事。

活下去所需要的力量，天生就配備在我們的身體裡。

所以，活著不需要使出多餘的力量，也不需要任何努力。

然而，有時我們還是會對活著感到疲憊、厭煩，或者覺得自己活得很艱辛。

人類的大腦非常優秀，但缺點就是想太多，也不時會做出錯誤的判斷。

大家可以看看自己的周遭，沒有一個生物不想活下去。

當大腦失常了，請看看身體的細胞。不管大腦如何失去了活下去的希望，我們的頭髮還是一直生長，心臟持續跳動，肺也不會停止呼吸。

沒有一個生命不想活下去。

生命是由連續的「當下」所組成

活著真是很不可思議的一件事。

只不過，活著到底又是什麼呢？

每當我心情沮喪、低著頭走在路上時，都會看見路邊的雜草。它們生長的姿態各有不同，有的往上伸展、有的横向生長，也有的開著小小的花朵。

看著這些雜草，我心裡突然有了一些感觸。

雜草到底是看著哪裡活下去的呢？

雖然生長方式各有不同，但每株雜草都向著太陽伸展莖葉。

人類是看著前方生活，雜草則望著上方生長。

沒有雜草會低垂著頭。

請像雜草那樣仰望天空吧！

太陽正散發光芒，天空一片澄藍，還飄著朵朵白雲。

那就是雜草眼中的風景。

當我們望向太陽，感覺到腳底湧出滿滿的力量，那或許正是雜草感受到的「生命力」。

請看看你的身邊。

許許多多的昆蟲、鳥兒，還有無數的微生物，都是這麼活著。

活著，就只是這麼一回事。

活在當下，珍惜現在所擁有的時光。

所有生物的生命，都是由連續不斷的「活在當下」所組成。

沒有一個生物會煩惱「不知道活著的目的」、「到底是為何而活」，也沒有一個生物會去想「活著好累」、「好想死」。

它們總是非常珍惜自己擁有的時間，盡其所能將生命交棒給下一個世代後，再滿足地死去。

對生物來說，這就是「活著」。

就只是這樣而已。

所有生物都是這麼活著，活著其實非常單純。

或許你會想，不對，活著才不只是這樣。

你可能會覺得，活著應該有更快樂、更開心的事，而且還要有意義。

如果你是這麼想的，你一定非常、非常幸福。

能從自己的誕生中找到這樣的意義，即使只有一點點，都是很了不起的事。

強大往往來自於「不一致」——結語

有一句話是這麼說的：「天上天下，唯我獨尊。」

我們常看到不良少年身上的外套繡著或印著這句話，感覺似乎很酷、很帥，但它其實是出自佛教。

據說，當釋迦牟尼誕生時，便立刻走了七步，一手指天、一手指地說道：

「天上天下，唯我獨尊。」

這句話聽起來像是在說「我最偉大」，真正的意思則並非如此。佛陀是指——

「在這個廣闊的宇宙裡，每個生命都是獨一無二、尊貴的存在。」

也就是說，我們所具備的個性非常重要。

我的工作是研究雜草，而雜草的強大來自於不一致。

我了解雜草的強大，因此總是希望學生們可以「將個性當成優勢、發展自己的個性」。但是，當學生真的不一致，又會在我指導課業時造成困擾。雖然我想要重視他們的個性，某個程度上又希望他們能稍微統一。

換言之，我所說的個性，僅僅是「不要成為只會讀書的優等生」；我所想像的「保持個性」，其實還是包含著某種形式的統一。

每個人的個性都不相同，「會讀書的優等生」也是一種個性。

對於個性來說，最重要的是「保有自我」，那就是不一致。

自從拜訪了東京 Shure 葛飾國中——這所學校招收的都是基於各種原因沒去上學的孩子，我才開始強烈地意識到所謂的個性是什麼。

起初無知的我只是擅自想像，這所學校的學生大概都是跟不上學校課業，或者難以和朋友溝通的孩子吧。但是，當我有機會去那裡上課，卻不禁大吃一驚。

那裡的孩子，擁有比誰都深刻的思考能力、比誰都靈活的創意發想，比誰都積極跟老師互動、比誰都抱持著旺盛的好奇心。

那裡的孩子，就像是特意揀選組成的資優集團。

這讓我不禁深思，如果連這些孩子都無法融入、找不到棲身之所，那我們這些大人創造出來的社會，到底是什麼樣的東西？

這些孩子原本能在水中自在悠游，卻被迫遠離了所有的水。

我在那裡看到了許多被網住拖到陸地上，正在拚命彈跳、掙扎的魚兒。

在跟他們談話時，有個孩子這麼對我說：

「我覺得，個性不是能夠塑造或發展的東西，而是自然而然呈現出來的。」

個性到底是什麼？到現在我也還沒有明確的答案。

雖然我認為個性很重要，但站在管理的立場，還是希望有某種程度的統一。

但是，**生物總是演化出充滿個性的存在，所有的生物都擁有自我的個性。**
既然如此，個性就不會毫無意義，也不可能不重要。

最後，我想向筑摩書房的吉澤麻衣子小姐獻上由衷的謝意，感謝她讓這本書有出版的機會，並為此盡心編輯。

NOTES

NOTES

Finder 3

除了自己，成爲不了別人

不必變強，只要獨一無二。向邊緣生物學習「個性化」的生存秘密！

作者 —— 稻垣榮洋
譯者 —— 楊詠婷
審訂 —— 陳俊堯

內文插畫 —— 花福こざる
責任編輯 —— 郭玢玢
美術設計 —— 耶麗米工作室
選書企劃 —— 楊詠婷
總編輯 —— 郭玢玢

出版 —— 仲間出版／遠足文化事業股份有限公司
發行 —— 遠足文化事業股份有限公司（讀書共和國出版集團）
地址 —— 231 新北市新店區民權路 108-2 號 9 樓
郵撥帳號 — 19504465 遠足文化事業股份有限公司
電話 ——（02）2218-1417
信箱 —— service@bookrep.com.tw
網站 —— www.bookrep.com.tw

法律顧問 —— 華洋法律事務所 蘇文生律師
印製 —— 通南彩印股份有限公司

定價 —— 330 元
初版一刷 —— 2022 年 9 月
初版三刷 —— 2023年 7 月

HAZUREMONO GA SHINKA O TSUKURU

Originally published in Japan in 2020 by Chikumashobo Ltd.
Traditional Chinese translation rights arranged with Chikumashobo Ltd. through AMANN CO., LTD.

ISBN 978-626-95004-9-9（平裝）

國家圖書館出版品預行編目（CIP）資料

除了自己，成為不了別人：不必變強，只要獨一無二。向邊緣生物學習「個性化」的生存秘密！
稻垣榮洋著；楊詠婷譯
-- 初版. -- 新北市：仲間出版：遠足文化發行：2022.9
面； 公分. --（Finder；3）
譯自：はずれ者が進化をつくる：生き物をめぐる個性の秘密
ISBN 978-626-95004-9-9（平裝）
1. 生物演化 2. 通俗作品
362 111014255